U0200731

赵丹阳　秦长生●主编

油茶

OIL-TEA CAMELLIA

病虫害诊断与防治
原色生态图谱

SPM南方出版传媒

广东科技出版社｜全国优秀出版社

·广 州·

图书在版编目（CIP）数据

油茶病虫害诊断与防治原色生态图谱 / 赵丹阳，秦长生主编. — 广州：广东科技出版社，2015.8（2018.6 重印）
ISBN 978-7-5359-6171-6

Ⅰ．①油…　Ⅱ．①赵…②秦…　Ⅲ．①油茶—病虫害防治—图谱　Ⅳ．① S763.744-64

中国版本图书馆 CIP 数据核字（2015）第 139614 号

油茶病虫害诊断与防治原色生态图谱
Youcha Bingchonghai Zhenduan yu Fangzhi Yuanse Shengtai Tupu

责任编辑：罗孝政
封面设计：柳国雄
责任校对：罗美玲
责任印制：林记松
出版发行：广东科技出版社
　　　　　（广州市环市东路水荫路 11 号　邮政编码：510075）
http://www.gdstp.com.cn
E-mail: gdkjyxb@gdstp.com.cn（营销中心）
E-mail: gdkjzbb@gdstp.com.cn（编务室）
经　　销：广东新华发行集团股份有限公司
印　　刷：广州市汉鼎印务有限公司
　　　　　（广州市黄埔区南岗骏丰路117号202　邮政编码：510760）
规　　格：889 mm×1 194mm　1/32　印张7.75　字数200 千
版　　次：2015 年 8 月第 1 版
　　　　　2018 年 6 月第 2 次印刷
定　　价：48.00 元

编写人员

主　编：赵丹阳　秦长生

副主编：徐金柱　叶燕华　方天松

编　委：揭育泽　廖仿炎　刘建锋　刘春燕　李永泉

　　　　伍观娣　李南林　韩其飞　林　军　邹卫民

　　　　刘伟新　梁瑞友　赖瑶勤　黄文养

摄　影：赵丹阳　秦长生　揭育泽　徐金柱　廖仿炎

　　油茶（*Camellia oleifera* Abel.）是我国特有的木本食用油料树种，已有两千多年的栽培和利用历史，与油橄榄、油棕、椰子并称为世界四大木本油料植物，与乌桕、油桐和核桃并称为我国四大木本油料植物。我国是世界油茶种植栽培与分布的中心，现有油茶林面积近 $4×10^6$ 公顷，年产油茶籽约 $5.5×10^5$ 吨、茶油 $1.5×10^5$ 吨，占全国木本食用油料作物产量的 80% 以上。此外，油茶在保健、医疗、生物农药、生物饲料、杀菌消毒及化学工业等方面都有广泛的应用。

　　广东省是我国重要的油茶产区之一，随着油茶种植面积的不断扩大，油茶林病虫害的发生与为害也日趋严重。据统计，我国有半数以上面积油茶林因受病虫害的为害而影响产量和质量，严重制约了油茶产业的发展。要控制油茶病虫害，首先要准确识别、鉴定所发生的病虫害种类，并了解其生物学习性、行为或发生、流行规律，才能采取相应的防治措施。《油茶病虫害诊断与防治原色生态图谱》是编者多年的科研和生产实践经验的总结，并参考了国内外最新的研究成果。该书对常见油茶病害的发病症状和害虫的形态特征进行了简明扼要的描述，并逐一介绍了它们的发生特点、生物学习性和防治方法，同时附有大量的原色生态照片，图文并茂，具有重要的科学意义和实际应用价值。

　　《油茶病虫害诊断与防治原色生态图谱》一书具有科普性强的特点，语言精练，文字通俗，技术实用，可操作性强，对普及油茶病虫害防治基础知识，提高林农科学种植水平大有帮助。

华南农业大学资源环境学院昆虫学教授
华南农业大学华南昆虫多样性研究中心主任
2015 年 3 月于广州

前　言

FOREWORD

　　油茶（*Camellia oleifera* Abel.）很早以前就是我国南方各省区的主要食用油树种之一，发展至今已是我国重要的木本食用油料树种，也是世界四大木本食用油源树种之一。油茶全身都是宝，其产品在林业、农业、渔业、食疗、医药、日化、轻纺等方面具有广泛的应用，尤其是果实的经济利用价值极高。油茶在产地的水土保持、生物防火、制造氧气等方面也具有重要的生态功能作用。因此，在适宜地区，油茶已成为林农造林的首选树种。

　　广东省为全国油茶主产区之一，油茶产业具有悠久的经营历史和较好的生产基础，是丘陵山区传统产业。20世纪70年代，全省油茶种植面积曾经达50万公顷左右。但是，到了80年代以后，油茶栽培管理水平较低，品种混杂，结果不良，加上相关部门重视度不够，导致油茶林面积不断减少；进入90年代，速生丰产林的巨大利润也使得很多农户砍掉油茶林改种速生丰产林，油茶林面积更是急剧减少。但随着国际、国家粮油形势发生的新变化，广东省油茶产业也发生了新的变化，近几年已新发展油茶种植基地（现有幼林）达2万公顷以上。广东省现有油茶林18.2万公顷，主要分布在粤北、粤东和粤西地区，包括梅州、河源、韶关、清远等地种植的岑软系列、湘系列、赣系列，肇庆、云浮等地种植的广宁红花油茶，茂名等地种植的高州油茶。但是目前的油茶老残林比重高，且都处于失管状态，多种病虫害的发生严重阻碍、制约着油茶产业的发展和经济效益的发挥。

　　关于油茶病虫害的专著主要有黄敦元和王森编著的《油茶病虫害防治》（中国林业出版社，2010）、束庆龙和张良福主编的《中国油茶栽培与病虫害防治》（中国林业出版社，2009），这些都是油茶病虫害防治方面的珍贵资料。

　　本书由广东省林业科学研究院组织编写，广东省林业有害生物防治检疫管理办公室和广东省林业科技推广总站参与了部分内容编写。

本书是在对广东全省油茶分布区进行了5年病虫害调查的基础上编写而成，每种病虫害都配有相应的图片、防治技术等内容，期望此书能对我国油茶病虫害防治工作有所帮助，也希望此书能成为广大林农的科普图书。

本书出版得到了广东省林业科技创新专项资金项目"油茶良种选育、无公害栽培技术研究与示范"（2013KJCX009—01、2012KJCX011—01、2011KJCX014—04）、"油茶象甲综合防控技术研究与示范"（2014KJCX020—03）、广东省地方标准制（修）订林业项目"油茶病虫害防治技术规程"（2012—DB—04）、广东省林业有害生物防治检疫管理办公室的资助，在油茶病虫害调查过程中得到了广东省各市县林业局、林科所、曲江区小坑林场以及乐昌市龙山林场的支持，特此致谢。

本书编者水平有限，在编写过程中错误或不确切之处在所难免，恳请读者批评指正。

目 录

CONTENTS

一、主要病害

油茶炭疽病

病　　原｜无性阶段属真菌半知菌亚门（Deuteromycotina）黑盘孢目（Melanconiales）黑盘孢科（Melanconiaceae）的胶孢炭疽菌（*Colletotrichum gloeosporioides* Penz），有性阶段属子囊菌亚门（Ascomycotina）的球壳菌目（Sphaeriales）围小丛壳菌 [*Glomerella cingulata*（Stonem.）Schr et Spsuld.]

寄主植物｜油茶、茶和山茶
分布地区｜各油茶产区

▲ 油茶炭疽病为害叶片症状

· 为害症状 ·

油茶炭疽病是油茶林中的主要病害，主要是引起落果、落蕾、落叶、枝梢枯死、枝干溃疡，甚至整株衰弱死亡。有些地区因该病害减产 10%~30%，重病区可减产 50% 以上，有些甚至减产达100%。

病菌为害果、叶、枝梢、花芽和叶芽，以果实为主。果实被害初期在果皮上出现褐色小点，后扩大为黑色圆形病斑，有时数个病斑连接成不规则形，严重时全果变黑。后期病斑上出现轮生的小黑点，此为病菌的分生孢子盘；当空气湿度大时，病部产生黏性粉红色的分生孢子堆。接近成熟期的果实，病斑容易开裂。

嫩叶受害，其病斑多从叶缘或叶尖处发生，呈半圆形或不规则形，黑褐色，具水渍状轮纹，边缘紫红色。老病斑中心灰白色，内有轮生小黑点，使病斑呈波纹状。

枝梢受害，病斑多发生在新梢基部，少数在梢中部，椭圆形或梭形，初为黑褐色，后变成黑

▲ 油茶炭疽病为害果实症状

色。当病斑扩展至枝梢茎围 2/3 以上时，病斑以上枝梢失水萎蔫，最后枯死；未枯死病枝梢上产生中间部分凹陷的病斑，其下木质部呈黑灰色。

花芽和叶芽受害变黑色或黄褐色，无明显边缘，后期呈灰白色，上生小黑点，严重时芽枯蕾落。

· 发病规律 ·

病菌主要以菌丝在油茶树各受侵部位越冬或以分生孢子越冬，树体上的越冬病菌是翌年主要初侵染来源。该病菌主要借助于雨水、露水分散后，由雨水反溅和雨中的风力吹散传播。油茶各器官在一年中的被害顺序是：先嫩梢、嫩叶，后果实，再次是花芽、叶芽到初冬的花。

病害的发生时间在不同年份、不同地区，因不同温湿度而有一定的变化。在广东省，春梢病斑初见于 2 月下旬至 3 月上旬，新叶几乎在春梢发病的同时，即展叶后不久部分嫩叶就开始表现症状；果实的发病期在 4 月初；花芽和叶芽在 5 月即可受到病菌的侵染。

果实病害发生于温度 15~19℃ 的条件下，24~30℃ 时迅速扩展。炭疽病菌的孢子分散、传播和侵入离不开雨水或较高的湿度，凡是春季梅雨季节长、夏季雨水多的年份发病严重，相反，雨水或干旱的年份病害发生轻。果实炭疽病潜育期在 15℃ 时需要 15 天左右，在 28℃ 时仅需要 5 天。

防治方法

1 清除林间病源：对严重感病植株，在冬季挖掉烧毁。

2 加强抚育管理：采用合理种植密度，保证油茶林通风透光；追施有机肥和磷钾肥，勿偏施氮肥。

3 选育抗病良种。

4 化学防治：早春新梢生长后，喷施 1% 波尔多液保护，4 月至 5 月上旬喷施 10% 吡唑醚菌酯 500 倍液或 25% 嘧菌酯悬浮剂 800 倍液。

油茶软腐病

病　　原	无性世代是丛梗孢目（Moniliales）暗丛梗孢科（Dematiaceae）的油茶散座孢菌（*Agaricodochium camellia* Liu, Wei et Fan.）
寄主植物	普通油茶、攸县油茶、高州油茶、小果油茶、油桐、乌饭、小果蔷薇、悬钩子、拔葜、铁芒萁、破铜钱、地枇杷等
分布地区	各油茶产区

▲ 油茶软腐病为害叶片症状

· 为害症状 ·

油茶软腐病又叫落叶病、叶枯病，该病引起大量落叶、落果，影响花芽分化、树木生长和果实产量。油茶软腐病对油茶苗木的为害非常严重，严重时病株率达100%，受害严重的苗木整株叶片落光而枯死。该病在成林中常块状发生，一般病株率在20%以内，严重的林分病株率达50%以上。

该病为害油茶地上各幼嫩部位，以叶片为主。叶片上病斑可在任何部位发生，但多从叶缘或叶尖开始，侵染点一到多个，最初出现针尖大的黄色水渍状斑，中心可见一稍隆起的接种体——蘑菇形分生孢子座的遗留物，几个小病斑可扩大联合成不规则形大病斑。侵染后如遇连续阴雨天气，病斑扩展迅速，边缘不明显，叶肉腐烂仅剩表皮，呈淡黄褐色，形成"软腐型"病斑，这种病叶2~3天内可脱落。侵染后如遇天气转晴，病斑扩展缓慢，棕黄色至黄褐色，中心褐色，边缘明显，形成"枯斑型"病斑，这种病叶不易脱落，有的可留在树上越冬。

幼芽或未木质化嫩梢被侵染后，初呈淡黄褐色，并很快凋萎枯死，呈棕褐色，可留树上越冬。

果实感病最初出现水渍状淡黄褐色斑点，后逐渐扩展成为土黄色至黄褐色圆斑。侵染后如遇阴雨天，病斑迅速扩大，呈圆形或不规则形，病部组织软化腐烂，有棕色汁液溢出。侵染后如遇干旱天气，病斑呈不规则开裂。

· **发病规律** ·

病菌以菌丝体和未发育成熟的蘑菇形分生孢子座在病部越冬，第二年春天，以分生孢子座作为初次侵染源，但变黑而产生的分生孢子颗粒体无致病力。在自然状态下，病菌依靠风雨传播作为近距离传播的主要途径，感病苗木的调运是远距离传播的主要途径。

在广东省，在适宜的温湿度条件下，一般3月底至4月上旬开始发病。气温在10~30℃时，分生孢子座均能发生侵染，但以15~25℃下发病率最高。该病的传播和侵染需要雨水及高湿的环境条件，具有晴天不发病、阴天发病轻、雨天发病重的特点。

该病菌从寄主表皮直接侵入或由自然孔口侵入，潜育期一般嫩叶在3天以内，老叶为3~7天，有时不落叶，在树上越冬。

防治方法

1 做好苗床盖膜，减少交叉侵染机会。

2 清除病源：清除越冬病叶、病果和病枯梢，减少侵染源。

3 采用合理的种植密度，避免苗木和林分过密。

4 加强检疫：在油茶新种植区，加强检疫，避免从病区购苗，避免从病树上采种。

5 化学防治：在春梢展开后，喷施 1∶1∶120 倍波尔多液、10% 吡唑醚菌酯 500 倍液或 25% 嘧菌酯悬浮剂 800 倍液。在雨水多、病情重的林分，5月中旬至6月中旬再喷 1~2 次。

油茶叶枯病

病　　　原｜炭角菌目（Xylariales）炭角菌科（Amphisphaeriaceae）的拟
　　　　　　　盘多毛菌（*Pestalotiopsis microspora*）
寄主植物｜油茶等
分布地区｜各油茶产区

▲ 油茶叶枯病为害症状

· **为 害 症 状** ·

　　主要为害油茶叶芽和果实。病害多从叶尖或叶缘开始，在适宜的气候下，很快扩展为黄色或褐色不规则的大圆形病斑。2~3天后叶片开始脱落，而芽或果实感病后 1 个月左右，即枯黄或裂果、落果，甚至腐败软化。

· **发 病 规 律** ·

　　叶片于 3 月下旬开始发病，4—8 月如遇阴雨天气，病害蔓延快速，呈现发病高峰，引起多次落叶，10 月下旬停止。

防治方法

防治方法同油茶软腐病。

油茶赤叶斑病

病　　原｜炭角菌目（Xylariales）炭角菌科（Amphisphaeriaceae）的拟盘多毛菌（*Pestalotiopsis microspora*）
寄主植物｜油茶、茶
分布地区｜浙江、安徽、湖北、湖南、河南、广西、广东

· 为害症状 ·

主要为害老叶和成叶，造成叶尖、叶缘干枯，严重时引起大量落叶，致使树势衰弱而影响生长。

发病初期常由叶尖或叶缘开始发生，逐渐向内叶蔓延。发病初期病斑呈淡褐色，以后变成赤褐色，病斑内的颜色比较一致；病斑边缘常有稍隆起的颜色较深的褐色纹线，病健部分界明显；后期病斑产生许多黑色稍微突起的小粒点；病斑背面较正面色浅，黄褐色。

· 发病规律 ·

以菌丝体或分生孢子器在病叶组织内越冬，分生孢子借雨水传播，属高温高湿性病害，特别在高温下有利于发病。在广东省一般3月底至4月开始发病，5—8月为盛发期，8月上旬病叶开始脱落。干旱季节，油茶树体抗病力降低，发病加重。

▲ 油茶赤叶斑病早期为害症状

▲ 油茶赤叶斑病晚期为害症状

防治方法

1 注意防旱，加强抚育管理，增加植株根系的吸水力，是防治此病的关键。

2 化学防治：发病初期喷洒1%波尔多液，可防止病害扩展。

油茶芽枯病

病　　　原｜球壳孢目（Sphaeropsidale）球壳孢科（Sphaeropsidaceae）的
　　　　　叶点霉属真菌（*Phyllosticta gemmiphliae* Chen et Hu）
寄主植物｜油茶、茶
分布地区｜各油茶产区

· 为 害 症 状 ·

主要为害嫩芽、嫩叶。油茶树感病后，芽梢生长明显受阻，芽尖受害后萎缩不能伸展。

▲ 油茶芽枯病为害症状

初在叶尖或叶缘产生淡黄色或黄褐色斑点，后扩展呈不规则形，病健部边界不明显。后期病部表面散生黑色细小粒点，以叶正面居多。感病叶片易扭曲。芽尖受害后呈黑褐色枯焦状，萎缩不能伸展，严重时整个嫩梢枯死。

· 发 病 规 律 ·

病菌以菌丝体或分生孢子器在病叶中越冬。次年油茶萌芽期，产生分生孢子并随风雨传播，侵染幼嫩芽叶，经 2~3 天形成新病斑。

该病属低温高湿型病害。翌年春季 3 月底至 4 月初开始发病，4 月中旬至 5 月上旬，气温在 15~25℃，湿度大时为发病盛期。该病以发芽早的品种发病重，发芽迟的品种发病较轻。

防治方法

萌芽期和发病初期各喷药 1 次，药剂可选用 70% 甲基硫菌灵可湿性粉剂 1 000~1 500 倍液或 50% 多菌灵可湿性粉剂 1 000 倍液。

油茶褐色叶斑病

病　　　原｜煤炱目（Capnodiales）球腔菌科（Mycosphaerellaceae）的茶尾孢菌（*Cercospora* sp.）

寄主植物｜油茶、茶、山茶

分布地区｜安徽、江苏、浙江、湖南、贵州、四川、云南、广东、台湾

· 为害症状 ·

主要为害老叶和成叶，晚秋和早春发生严重，病叶大量脱落，致使树势衰弱。

发病初期多从叶缘处开始产生褐色小点，后扩展成圆形或半圆形至不规则形紫褐色至暗褐色病斑，上生灰褐色小粒点，边缘紫黑色较宽，病健部无明显分界线；有时叶缘上多个病斑融合在一起，似冻害状，湿度大时病斑上生灰色霉层，即病原菌的分生孢子梗和分生孢子。

· 发病规律 ·

病菌以菌丝块（菌丝体或子座）在病树的病叶及落在土表的病落叶上越冬，翌年春季条件适宜时，病部产生分生孢子，借风雨传播，侵染叶片后经5天左右潜育开始发病，以后经反复再侵染，致病害不断扩展蔓延。该病属低温高湿型病害，每年早春和晚秋，即3—5月和9—11月发生居多。

遭受冻害、缺肥或采摘过度、树势衰弱易发病，排水不良、地下水位高的油茶园也容易发病严重。

▲ 油茶褐色叶斑病为害症状

防治方法

1　增施有机肥，加强油茶园管理，清沟排水，做好防寒工作，以增强树势，减轻发病。

2　化学防治：早春、晚秋发病初期及时喷洒0.7%石灰半量式波尔多液或12%松脂酸铜乳油600倍液进行预防。

油茶煤烟病

病　　原 | 盘菌目（Pezizales）盘菌科（Pezizaceae）的煤炱属（*Capnodium*）和小煤炱属（*Meliola*）的真菌
寄主植物 | 油茶、茶、柑橘等
分布地区 | 各油茶产区

· 为 害 症 状 ·

感病后油茶枝叶表面产生一层黑色煤层，使之不能正常进行光合作用和生理活动。受害较轻的生长不良，落花落果，茶籽的产量和品质降低；受害严重的枝枯叶落，油茶的产量和生长受到严重影响。

病菌侵入油茶叶片、枝条，初期在油茶叶正面及枝条表面形成圆形或不规则形黑色烟尘状斑点，较稀薄，在叶上多自叶正面主脉两侧产生，以后逐渐扩展并增多，形成较厚的黑色煤烟状层。因光合作用受阻，严重发病的油茶植株逐渐萎黄。

· 发 病 规 律 ·

煤烟病菌的营养体和繁殖体在叶片和枝干上越冬或越夏。病菌的孢子或菌丝借昆虫和气流传播。煤炱菌主要以昆虫排出的蜜露作为营养来源，有时也利用寄主叶片本身的渗出物，在枝叶表面营腐生生活。据报道，诱发油茶煤烟病的昆虫主要是同翅目的刺棉蚧（*Metaceronema japonzca* Mask）和油茶黑胶粉虱（*Aleurotrachelus camelliae* Kuwana），它们除为煤炱菌提供营养外，也是病菌的传播者，同时也随蚜虫和介壳虫传播。

煤炱菌喜凉爽、高湿的环境，生长最适温度为10~12℃。在一年中，3—5月和9—11月是该病害流行高峰期，湿度大，发病重，盛夏高温停止蔓延。

▲ 油茶煤烟病为害果实症状

▲ 油茶煤烟病为害叶片症状

防治方法

1. 营林措施：成林应注意修枝、间伐、通风降湿，或在林内栽植山苍子防治煤烟病。

2. 化学防治：煤烟病的防治关键是治虫，在介壳虫孵化盛期至2龄前喷施50%三硫磷1 500~2 000倍液。

3. 生物防治：黑缘红瓢虫（*Chiloco rustristis* Fald.）是介壳虫的主要天敌，4月在介壳虫虫口指数低于50%的林分中，每株释放1~2头瓢虫就可达到控制介壳虫和煤烟病的目的。此外，中华显盾瓢虫（*Hyperaspis sinensis*）、座壳孢菌（*Aschersonia* sp.）和多毛菌（*Hirsutella* sp.）对油茶刺棉蚧也有明显的防治效果。

油茶白星病

病　　原｜壳霉目（Sphaeropsidales）壳霉科（Sphaeropsicaceae）的茶叶叶点霉（*Phyllosticta theaefolia* Hara）

寄主植物｜油茶、茶、山茶等

分布地区｜安徽、浙江、福建、江西、湖南、四川、贵州、云南、广东

· 为 害 症 状 ·

主要为害嫩叶、嫩芽、嫩茎及叶柄，以嫩叶为主。嫩叶染病初生针尖大小褐色小点，后逐渐扩展成直径 1~2 毫米的灰白色圆形斑，中间凹陷，边缘具暗褐色至紫褐色隆起线。湿度大时，病部散生黑色小点，病叶上病斑数达几十个至数百个，有的相互融合成不规则形大斑，叶片变形或卷曲。叶脉染病，叶片扭曲或畸形。嫩茎染病病斑暗褐色，后呈灰白色，病部亦生黑色小粒点，病梢节间长度明显短缩，对夹叶增多，严重的蔓延至全梢，形成梢枯。

· 发 病 规 律 ·

病菌以菌丝体或分生孢子器在病叶或病枝中越冬；翌年春季，当气温升至 10℃ 以上时，在高湿条件下，分生孢子器中释放出大量分生孢子，通过风雨传播，在湿度适宜时侵染幼嫩茎叶，经

1~3 天潜育，开始形成新病斑，病斑上又产生分生孢子，进行多

▲ 油茶白星病为害叶片症状

次重复再侵染，使病害不断扩展蔓延。该病属低温高湿型病害，气温 16~24 ℃、相对湿度高于 80% 时易发病。气温高于 25℃则不利其发病。每年主要在春、秋两季发病，5 月是发病高峰期。土壤缺肥、偏施氮肥易发病，油茶树衰弱的发病重。

防治方法

1 加强管理，增施磷、钾肥，增强树势，提高抗病力。

2 在 3—4 月喷施 70% 代森锰锌可湿性粉剂 500 倍液或 36% 甲基硫菌灵悬浮剂 600 倍液，隔 7 天再喷一次。

油茶藻斑病

病　　原 | 橘色藻目（Trentepohliales）橘色藻科（Trentepohliaceae）的寄生性红锈藻（*Cephaleuros virescens* Kunze）

寄主植物 | 油茶、茶、山茶、木兰、冬青、梧桐、柑橘、樟树、杉木等多种常绿植物

分布地区 | 各油茶产区

· **为害症状** ·

为害叶片和嫩枝，引起叶片褪色和早落，影响嫩枝上新芽的萌发，严重感染的嫩枝易枯萎死亡，造成树势衰弱。

该病在叶片表面和背面均有发生。初为灰绿色或黄褐色针头大的圆形小点，后向四周放射状扩展成直径 3~4 毫米（最大可达 10 毫米）的圆形或近圆形，灰绿色至黄褐色，病斑上可见细条状毛毡状物，并有茸毛。在一个叶片上可产生多达数十个或全叶被藻斑布满。后期病斑稍隆起，变暗褐色，边缘不整齐，表面平滑，有纤维状纹理。

▲ 油茶藻斑病叶片正面为害症状

▲ 油茶藻斑病叶片背面为害症状

· **发病规律** ·

　　红锈藻以营养体在寄主组织中越冬，次年春季4—6月开始发生，5—6月，在潮湿条件下，产生游动孢子，通过风雨传播，侵入叶片，在表皮细胞和角质层之间蔓延。7—9月为发病盛期。该病喜高湿，但寄生性弱，多寄生在衰弱的油茶树上。主要发生于阴湿的林分环境，通常在降雨频繁的季节蔓延快；在树冠过于稠密或周围有大树遮阴、阴暗潮湿、通风不良的林分中发病严重。

防治方法

1	营林措施：及时疏除徒长枝和病枝，适当修剪，改善油茶园通风透光条件，降低林分湿度。
2	化学防治：早春或晚秋发病初期开始喷施0.5%的硫酸铜稀释液或12%松脂酸铜乳油600倍液；在重病林分，每年4月下旬至5月定期喷洒1∶0.5∶120波尔多液，可减轻次年病害的为害。

油茶疮痂病

病　　原｜盘菌目（Pezizales）盘菌科（Pezizaceae）的盘单孢（*Monochaetia* sp.）
寄主植物｜油茶
分布地区｜各油茶产区

· **为害症状** ·

　　主要为害油茶叶片和果实，但为害不大。

　　叶片正面病斑初为油渍状褐色小斑点，随后下陷；叶背面病斑呈疣状突起，粗糙，疮痂状。果实上的病斑通常较小，但在幼果上则较大，果面上产生黄褐色、粗糙、疮痂状病斑。病斑多呈圆形，直径在1~5毫米，后期病斑中央为灰黑色，常因病部干裂脱落而出现孔洞。病斑多时，往往连接在一起，以致叶片畸形。

▲ 油茶疮痂病为害叶片症状

· **发病规律** ·

　　病菌在病叶内越冬。春天分生孢子借风雨传播。阴湿的环境有利于病害发生，在广东省，全年都有发病。

▲ 油茶疮痂病为害果实症状

防治方法

　　油茶疮痂病为害较轻，一般不需要专门防治。发病时可及时摘除病叶或病果，也可在防治炭疽病和软腐病时兼治此病。

油茶茶苞病

病　　原｜外担菌目（Exobasidiales）外担子菌科（Exobasidiaceae）的
　　　　　细丽外担菌 [*Exobasidium gracile*（Shirai）Syd.]
寄主植物｜油茶
分布地区｜长江以南各油茶产区以及长江以北的大别山地区

· 为 害 症 状 ·

该病主要为害花芽、叶芽、嫩叶和幼果，导致过度生长，产生肥大变形症状。花芽感病后，子房及幼果膨大成桃形，严重影响其挂果率及果实产量；叶芽或嫩叶受害后肥大成肥耳状。

花芽感病后，子房及幼果膨大成桃形，一般直径 5~8 厘米，最大的直径达 12.5 厘米。症状开始时表面常为浅黄绿色，后为绿色；待一定时间后，表皮开裂脱落，露出灰白色的外担子层，孢子飞散，最后外担子层被霉菌污染而变成暗黑色，病部干缩，长期（约一年）悬挂枝头而不脱落。

叶芽或嫩叶感病后膨大成肥耳状，常表现为多个叶片或整个嫩梢的叶片呈丛发状，数个肿大叶片聚集在一起，形似鹰爪。症状开始时叶片表面常为浅红棕色，间有黄绿色；待一定时间后，表皮开裂脱落，露出灰白色的外担子层，孢子飞散。嫩叶感病后，常局部出现圆形肿块，表面呈红色或浅绿色，背面为粉黄色或烟灰色，最后病叶脱落。

· 发 病 规 律 ·

病菌以菌丝体在寄主受病组织内越冬或越夏，病菌只在春季为害，其他三个季节处于休止状态。病害的初侵染来源是越冬后引起发病的成熟担孢子，而不是干死后残留枝头的病原物。病菌孢子以气流传播，其潜育期为 1~2 周，在发病高峰期，担子层成熟后释放大量孢子。

最适发病气温为 12~18 ℃，空气相对湿度在 79%~88% 的阴雨连绵的天气有利于发病。萌发后的孢子产生芽管，从气孔或无伤表皮直接穿透侵入植物组织。病菌容易侵入淡绿色叶片，并引起发病；若叶片处在绿色阶段，还能产生次要发病形态；当叶片已呈深绿色，发病会受到抑制。

该病害发生季节性非常明显，一般只在早春发病一次，即 2 月开始发病，3—4 月最盛，5

月底结束，发病时间相对较短。在广东高州宝光镇贵排村的 70 年生的油茶林中，茶苞病为害率达 30% 左右，严重影响其挂果率。

发病形态与树龄也有密切的关系，树龄 8 年以上，发病形态以"茶桃"最为多见，发病株呈聚集性分布；树龄 8 年以下，发病形态以"茶苞"为主，发病株呈随机分布。

▲ 油茶茶苞病为害花芽后症状

▲ 油茶茶苞病为害嫩叶后症状

防治方法

1 管理措施：疏导林分密度，增加通风透光条件。

2 清除病源：摘除病部并烧毁或土埋，减少病害再侵染来源。

3 化学防治：发病期间喷施 1：1：100 波尔多液或 75% 敌克松可湿性粉剂 500 倍液，具有一定的防治效果。

油茶黄化病

病　　原 | 生理性病害
寄主植物 | 油茶、香樟、栀子花等
分布地区 | 土质偏碱性地区

· **为 害 症 状** ·

　　病树叶片不同程度发黄，叶脉褪绿，树势衰弱；严重时叶黄白色，叶尖与叶缘烧焦状，整株油茶树在新梢上的黄化较严重，导致叶片掉落，树冠萎缩，逐渐死亡。

　　黄化病症状有两类，一类是生理性黄化，另一类是侵染性黄化。生理性黄化的叶片表现为黄绿色，中度黄化至黄白色，无蜡质光泽，严重时叶绿素只有正常含量的 5%~10%；枝梢稀疏，树势生长缓慢。侵染性黄化病，发病初期的小枝顶端叶片变小、变窄，全叶黄白变薄。随着病情加重，腋芽萌生，形成细小的丛状侧枝，病枝节间缩短，簇生成丛；最后全株叶片黄化，树木生势衰弱，全株枯死。

▲ 油茶黄化病为害嫩叶症状

· **发 病 规 律** ·

　　病树全年均表现黄化症状，以新梢生长期的叶片最明显，幼树及新栽的油茶受黄化的比例较高，新叶黄化重于老叶。此外，土壤偏碱、土质黏重、通透性差、地下水位高均可加重病害发生程度。可通过昆虫、嫁接传病，树木染病 2~3 年后枯死。

1. 及时防治叶蝉等病源传播介体。
2. 管理措施：根据土质条件选择适宜树种或选用抗碱性较好的油茶品种，必要时施加有机肥或同时混入适量的硫酸亚铁。
3. 化学防治：在 5 月中下旬新梢生长期喷洒 0.2%~0.3% 硫酸亚铁溶液 2~3 次，每次间隔 15 天。注意喷洒均匀，以免产生花叶。也可采用四环素等药剂治疗。

油茶白朽病

病　　原 │ 非褐菌目（Polyporales）伏革菌科（Corticiaceae）的担子菌碎纹伏革菌（*Corticium scutellare* Bertk & Curt.）

寄主植物 │ 油茶

分布地区 │ 各油茶产区

· 为害症状 ·

主要为害主干，并常延及枝条，病害多从油茶枝干背阴面基部开始发生，使油茶生长显著衰退，枝叶稀疏，叶片发黄，继之落叶、落花和落果，最后枝干枯死。

该病多在枝、干基部或中部倾斜面的下方发生。发病后，树皮腐烂，木质部呈干枯状，灰褐色，呈现一层石膏似的膜状菌丝体，最后病部下陷，形成溃疡，呈长条状。

· 发病规律 ·

病害随树龄增加而加重，树

▲ 油茶白朽病为害症状之一

龄在20年以下林分很少发病，超过20年的，发病率在10%~30%，80年以上的可达50%以上。

从老树桩上萌发的枝条，发病多。实生中龄林几乎不发病。阴坡、山坳、密林、土壤瘠薄、管理差的油茶林发病较重。在江西，日平均气温达13℃时，病斑开始发展。7—8月时，日平均气温29℃以上，病斑在8—9月就扩大到45厘米。

▲ 油茶白朽病为害症状之二

防治方法

冬季至早春，清除病株、病枝，以减少侵染源；对轻病枝、干刮除后，涂1：3：15波尔多液。

油茶肿瘤病

病　　原｜引起油茶肿瘤病的原因在不同地区、不同林分均有不同。有的是寄生性种子植物所致，有的可能与茶吉丁虫和蓝翅天牛等昆虫为害有关，有的可能是根癌细菌引起，有的可能是一些生理因素引起

寄主植物｜油茶、茶
分布地区｜各油茶产区

· 为害症状 ·

该病在油茶枝干上形成几个，甚至数十个、上百个肿瘤，轻者导致树势生长衰弱，重者引起受害枝干上的叶片萎蔫、枯死，受害植株显著减产乃至绝产。油茶肿瘤着生在油茶的干或枝条上，大小不一，形态多样，一般为2~10厘米。有的表面粗糙开裂，有的用力触之呈碎粒状。

· 发病规律 ·

油茶幼树、老树都可发病，以老油茶林发病较多；病害多数零星分布或呈团状分布，很少成片发生，但发病植株一般都比较

严重；尤其是荫蔽、湿度大、荒芜的林分发病严重。

▲ 油茶肿瘤病为害症状

防治方法

根据不同的发病原因采取相应的防治措施。如果是寄生性种子植物为害造成的，彻底清除其病原物；如果是昆虫为害引起的，及时防治害虫；如果是生理因素引起的，应加强抚育管理。发病严重的植株多数失去经济价值，恢复比较困难，可将其整株挖除后补植。

油茶桑寄生

病　　原 | 檀香目（Santalales）桑寄生科（Loranthaceae）的桑寄生 [*Loranthus parasiticus*（L.）Merr.]

寄主植物 | 油茶或樟科、大戟科等植物

分布地区 | 福建、台湾、广东、广西及云南西双版纳

· 为 害 症 状 ·

油茶植株被寄生后，长势差，落叶早，不结果或少结果，甚至枝枯或株亡。桑寄生对油茶树体的破坏过程比较缓慢，从枝条被侵害至完全枯死，往往需要 5~10 年，甚至 20 年。油茶桑寄生和油茶的寄生关系为半寄生，以吸根的导管与油茶纤维束的导管相连，吸取寄主植物的水分和无机盐。受害枝干先稍肿大，以后逐渐肿大成瘤，肿瘤以上部分的枝条逐渐衰弱，叶变小，叶色黄，最终枯死。

· 发 病 规 律 ·

桑寄生植物的果实（浆果）颜色鲜艳，会招引各种鸟类啄食。种子主要依靠鸟类进行传播。在适宜的温度、湿度下，种子 3 天左右便可萌发。胚轴延伸，突破种皮，长出胚根。当胚根尖端与油茶枝条接触时，就形成吸盘。从吸盘中间长出初生吸根，吸根能分泌一种对树皮有溶解作用的酶，并从伤口、芽部或幼嫩树皮侵入，到达木质部。从种子萌发至胚根深入树皮，一般需 2 周以上。

油茶林桑寄生在阴坡为害比阳坡严重。经营粗放或缺乏管理是桑寄生成灾的根本原因。

▲ 油茶桑寄生为害症状

防治方法

1 对受害的油茶，结合抚育或在 12 月至翌年 1 月油茶幼果还小时，砍除寄生枝。在吸根侵入寄主的地方，由下而上先砍两刀，再从上往下砍，以免砍口撕裂。砍后用刀将根盘刮净，以防寄生残根再发。为彻底清除寄生植物，还要将油茶林周围其他树上的寄生植物砍除。

2 加强抚育管理，增强树势，减少被害。抚育管理要连年坚持，才可防止桑寄生的发生。

油茶槲寄生

病　　原｜檀香目（Santalales）桑寄生科（Loranthaceae）的槲寄生 [*Viscum coloratum*（Kom.）Nakai]

寄主植物｜油茶、榆、杨、柳、桦、栎、梨、李、苹果、枫杨、赤杨及椴属植物

分布地区｜湖南、广东、江西、甘肃、陕西、贵州、四川、云南、江苏、湖北

· 为 害 症 状 ·

　　油茶植株被寄生后，长势差，落叶早，不结果或少结果，甚至枝枯或株亡。

· 发 病 规 律 ·

　　同油茶桑寄生。

▲ 油茶槲寄生为害症状

防治方法

1 结合抚育，剪除寄生枝。适宜剪枝时间是开花结果而果实尚未成熟阶段。

2 果实成熟前，砍去寄生部位下 20 厘米外的寄生植株，或用高浓度硫酸亚铁溶液喷洒在寄生植物上以杀死寄生植株。

油茶栗寄生

病　　原｜檀香目（Santalales）桑寄生科（Loranthaceae）的栗寄生
　　　　　［*Korthalsella japonica*（Thunberg）Engl.］

寄主植物｜壳斗科栎属、柯属或山茶科、樟科、桃金娘科、山矾科、
　　　　　木犀科等植物

分布地区｜西藏、云南、贵州、四川、湖北、广西、广东、福建、浙江、
　　　　　台湾

· **为害症状** ·

　　油茶被栗寄生植物侵害后，部分水分和无机盐类被寄生植物吸收，并受其毒害作用，致使生长势差，发芽晚，落叶早，少结果或不结果，严重时植株干枯死亡。受害时，叶退化为鳞片状，对生，基部合生成鞘，严重时整个树冠全被栗寄生的枝叶所代替。

· **发病规律** ·

　　种子多靠鸟类取食浆果传播，萌发时在油茶树枝条上形成吸盘，以吸根伸入寄主与木质部导管组织相连，吸取水分与无机盐类。

▲ 油茶栗寄生为害症状

防治方法

防治方法同油茶桑寄生。

杠板归 *Polygonum perfoliatum* L.

别　　名	河白草、贯叶蓼
分类地位	蓼目（Polygonales）蓼科（Polygonaceae）蓼属（*Polygonum*）
分布地区	黑龙江、吉林、辽宁、河北、山东、河南、陕西、甘肃、江苏、浙江、安徽、江西、湖南、湖北、四川、贵州、福建、台湾、广东、海南、广西、云南

· **为 害 症 状** ·

攀缘缠绕于油茶树上，重压于其冠层顶部，阻碍其光合作用继而导致油茶树死亡。

· **形 态 特 征** ·

一年生草本。茎攀缘，多分枝，长 1~2 米，具纵棱，沿棱具稀疏的倒生皮刺。叶三角形，长 3~7 厘米，宽 2~5 厘米，顶端钝或微尖，基部截形或微心形，薄纸质，上面无毛，下面沿叶脉疏生皮刺；叶柄与叶片近等长，具倒生皮刺，盾状着生于叶片的近基部；托叶鞘叶状，草质，绿色，圆形或近圆形，穿叶，直径 1.5~3 厘米。总状花序呈短穗状，不分枝顶生或腋生，长 1~3 厘米；苞片卵圆形，每苞片内具花 2~4 朵；花被 5 深裂，白色或淡红色，花被片椭圆形，长约 3 毫米，果时增大，呈肉质，深蓝色；雄蕊 8，略短于花被；花柱 3，中上部合生；柱头头状。瘦果球形，直径 3~4 毫米，黑色，有光泽，包于宿存花被内。花期 6—8 月，果期 7—10 月。

▲ 杠板归种子

▲ 杠板归为害症状

防治方法

1　人工防治：人工拔除或铲除。

2　机械防治：利用农机具或大型农业机械直接杀死、刈割或铲除。

3　化学防治：利用化学除草剂进行防治。

三裂叶薯 *Ipomoea triloba* L.

别　　名｜小花假番薯、红花野牵牛
分类地位｜蓼目（Solanales）蓼科（Convolvulaceae）番薯属（*Ipomoea*）
分布地区｜广东、台湾

· **为 害 症 状** ·

攀缘缠绕于油茶树上，重压于其冠层顶部，阻碍其光合作用继而导致油茶树死亡。

· **形 态 特 征** ·

草本；茎缠绕或有时平卧，无毛或散生毛，且主要在节上。叶宽卵形至圆形，长 2.5~7.0 厘米，宽 2~6 厘米，全缘或有粗齿或深 3 裂，基部心形，两面无毛或散生疏柔毛；叶柄长 2.5~6.0 厘米，无毛或有时有小疣。花序腋生，花序梗短于或长于叶柄，长 2.5~5.5 厘米，较叶柄粗壮，无毛，明显有棱角，顶端具小疣，1 朵花至数朵花呈伞形聚伞花序；花梗多少具棱，有小瘤突，无毛，长 5~7 毫米；苞片小，披针状长圆形；萼片近相等或稍不等，长

▲ 三裂叶薯为害症状

5~8 毫米，外萼片稍短或近等长，长圆形，钝或锐尖，具小短尖头，背部散生疏柔毛，边缘明显有缘毛，内萼片有时稍宽，椭圆状长圆形，锐尖，具小短尖头，无毛或散生毛；花冠漏斗状，长约 1.5 厘米，无毛，淡红色或淡紫红色，冠檐裂片短而钝，有小短尖头；雄蕊内藏，花丝基部有毛；子房有毛。蒴果近球形，高 5~6 毫米，具花柱基形成的细尖，被细刚毛，2 室，4 瓣裂。种子 4 颗或较少，长 3.5 毫米，无毛。

▲ 三裂叶薯

防治方法

防治方法同杠板归。

二、主要虫害

刺吸类害虫

丽象蜡蝉 *Orthopagus splendens*（Germar）

分类地位｜半翅目（Hemiptera）象蜡蝉科（Dictyopharidae）
寄主植物｜油茶、茶、柑橘、桑等
分布地区｜东北及江苏、浙江、江西、广东、贵州、台湾

· **为害症状** ·

成虫、若虫吸食寄主植物汁液。

· **形态特征** ·

成虫：体长 10 毫米，翅展 26 毫米。体黄褐色，有黑褐色斑点。头略向前突出，黑褐色，近基部两侧各有一黄褐色弧形条

▲ 丽象蜡蝉成虫

斑；喙细长，伸达后足基节处。前胸背板前缘尖；中脊锐利；中胸背板中脊不甚清晰，侧脊明显。腹部散布黑褐色斑点，其末端黑褐色。前翅透明狭长，略带褐色；翅痣褐色，其下缘具一牛角形褐斑，外缘有一新月形大褐斑，其下角指向翅基伸达翅外方 1/3 处，其中有 2 个透明的斑点，有些个体新月形斑末端断裂；后翅较前翅短，但宽大，透明，外缘近顶角处有一褐色条纹，仅达外缘 1/3 处后向内折伸；前后翅脉均褐色。

· **生 活 习 性** ·

不详。

防治方法

1 人工刮除越冬卵块。

2 发生严重时，若虫孵化初期喷洒 10% 吡虫啉可湿性粉剂 2 000 倍液或 48% 乐斯本乳油 3 500 倍液。

娇弱鳋扁蜡蝉 *Tambinia debilis* Stål

分类地位 ｜ 半翅目（Hemiptera）扁蜡蝉科（Tropiduchidae）
寄主植物 ｜ 油茶、茶、咖啡、桑、樟树、柑橘、杧果等
分布地区 ｜ 浙江、安徽、广东、台湾

· **为 害 症 状** ·

成虫、若虫吸食寄主植物汁液。

· **形 态 特 征** ·

成虫：体长 6~7 毫米，体绿色。顶宽度略大于长度，前端圆弧形，前缘及侧缘脊起，与中脊形成"小"字形。前胸背板前缘中部突出，平直，有绿色的中脊和斜向的 4 条侧脊，脊间红褐色。前翅淡绿色，半透明，翅脉绿色，前缘略呈弧形，翅面多小颗粒突起；后翅色淡。

· **生 活 习 性** ·

不详。

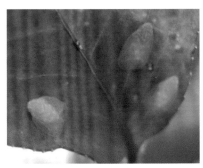

▲ 娇弱鳋扁蜡蝉成虫

防治方法

防治方法同丽象蜡蝉。

眼纹疏广蜡蝉 *Euricania ocellus*（Walker）

别　　名	眼纹广翅蜡蝉、透翅蜡蝉、桑广翅蜡蝉
分类地位	半翅目（Hemiptera）广蜡蝉科（Ricaniidae）
寄主植物	油茶、茶、桑、洋槐、苦楝、月季、柑橘、油桐等
分布地区	河北、江苏、浙江、湖北、江西、湖南、广东、广西、四川、香港

· 为害症状 ·

成虫和若虫群集吸食寄主植物的汁液，影响植株生长，发生严重时，枝叶变黄，甚至死亡。

· 形态特征 ·

成虫：体长 6.0~6.5 毫米，翅展 16~17 毫米。头、前胸、中胸栗褐色，中胸盾片色更深，后胸、腹部腹面和足黄褐色，腹部各节背面褐色。前翅无色透明；翅脉除中央基部脉纹无色外，其余均褐色；翅的前缘、外缘、内缘均有栗色横带，前缘带特别宽，在中部和近端部二处中断，各夹有一黄褐色三角形斑；中横带栗褐色，较宽，其中段围成一圆环；外横带淡褐色，略呈波形；近翅基部有一栗褐色小斑。后翅无色透明，翅脉褐色，近后缘有模糊的褐色纵条。在翅上有眼纹，是其主要特征。

· 生活习性 ·

一年发生 1 代，以卵越冬。翌年 5 月上中旬孵出，7 月上中旬至 8 月上旬羽化，成虫产卵后期于 9 月上中旬陆续死亡。6 月中旬即有成虫出现。成虫活动于寄主枝叶上，卵产在枝梢皮下。初孵若虫群集吸食植物茎叶汁液，受惊吓时迅速弹跳下行，徒手难于捕捉。

▲ 眼纹疏广蜡蝉成虫

防治方法

虫口密度较大时，可喷施 30% 氯胺磷乳油 250 倍液。

圆纹广翅蜡蝉 *Pochazia guttifera* Walker

别　　名	圆纹宽广蜡蝉
分类地位	半翅目（Hemiptera）广蜡蝉科（Ricaniidae）
寄主植物	油茶、茶、小叶女贞、红枫、红叶李、青岗、万年青、冬青、迎春花、羊蹄甲、木姜、樟树、火棘、海栀子、苦楝、杜仲、肉桂、金银花等
分布地区	湖北、湖南、广东

· 为害症状 ·

以成虫、若虫吸取寄主叶片及嫩枝汁液，使受害部位的叶片发黄或卷缩畸形，引发植物病害，影响植物生长，削弱树势。

· 形态特征 ·

成虫：体栗褐色，中胸背板色深，近沥青色。前翅大三角形，外缘约等于后缘；前缘端部 1/3 处有 1 个三角形略透明的浅色斑，外缘有 2 个较大的半透明斑，两斑的后面沿外缘有数个微小的透明斑点；翅面近中部有一较小的近圆形半透明斑，围有黑褐色宽边；翅面上散布有黄色、白色蜡粉。后翅无斑纹，翅脉全为黑色，脉周围有少量蜡粉，前缘基部色淡，后缘有淡色纵条。

卵：乳白色，长卵形。

若虫：虫体有白色蜡质，头、胸部与成虫相似，翅芽突出在身体侧片，腹部愈合成一块，尾部蜡质呈羽毛状。

· 生活习性 ·

以卵在寄主枝条上越冬，2月中旬开始孵化，自 6 月起随着温度升高，蜡蝉个体显著逐渐增加，11 月后极少再见到成虫。卵多产于枝条腹面，成虫产卵时先用产卵器刺伤木质部，然后产 1 粒卵于裂缝中，每隔约 1 毫米产卵 1 粒，卵粒多数为多行排列，极少数为单行排列；卵块表面覆盖有绒丝状蜡质。若虫有 5 龄，初孵若虫常群集在幼茎或嫩叶的背面为害，不很活跃，不受惊扰极少迁徙，在植物受害部位极易发现其留下的蜕皮；2~5 龄若虫受惊扰时跳跃逃避或作孔雀开屏状动作。刚羽化的成虫身体较黑，随着时间的增加，翅上的蜡粉越来越多。蜡蝉成虫常伏在嫩茎及叶背上静止不动，能跳跃和飞翔。成虫具有较强的趋光性，在高温无风雨的黑夜特别显著。

▲ 圆纹广翅蜡蝉成虫

（防治方法）

1　冬季结合清园，剪除带卵枝条集中烧毁，减少越冬虫卵。

2　成虫具强趋光性，可利用黑光灯进行诱杀。

3　若虫期喷洒 10% 吡虫啉可湿性粉剂 2 000 倍液或 48% 乐斯本乳油 3 500 倍液。

胡椒广翅蜡蝉 *Pochazia pipera* Distant

别　　名	胡椒宽广蜡蝉、黑星广翅蜡蝉
分类地位	半翅目（Hemiptera）广翅蜡蝉科（Ricaniidae）
寄主植物	油茶、茶、胡椒等
分布地区	广东、台湾

刺吸类害虫

· **为害症状** ·

成虫、若虫吸食枝条和嫩梢汁液，使其生长不良，叶片萎缩而弯曲，重者枝枯果落，影响产量和质量。排泄物可诱致煤烟病发生。

· **形态特征** ·

成虫：体长 6~7 毫米，翅展 22~24 毫米。头和胸部的背面黑褐色，头胸的腹面、腹部及足均为黄褐色。额的中脊、侧脊均较长，但不完整。前胸背板有中脊，两边刻点隐约可见；中胸背板有脊 3 条，中脊长而直，侧脊从中部向前分叉，二内叉略内倾，近前缘时大弧度内弯，直至左右二内叉相连，二外叉略呈波状。前翅褐色，前缘、外缘色深，前缘近中部有一较小的三角形黄褐色斑，翅中部和后缘的各翅室色深，近顶角处有一黑褐色小圆斑；后翅近透明，淡褐色，翅脉褐色。

· **生活习性** ·

不详。

▲ 胡椒广翅蜡蝉成虫

防治方法

防治方法同圆纹宽广蜡蝉。

八点广翅蜡蝉 *Ricania speculum*（Walker）

别 名	八点光蝉、八点蜡蝉、橘八点光蝉、黑羽衣、白雄鸡
分类地位	半翅目（Hemiptera）广翅蜡蝉科（Ricaniidae）
寄主植物	油茶、茶、鸭脚木、毛叶桉、蜡梅、桃、桂花、柳、柑橘、玉米、棉、茄、向日葵、大豆、甘蔗、黄麻、李、桑、苹果、板栗、樱桃、柿、枣、苦楝、苎麻、石榴、杨、刺槐
分布地区	陕西、河南、江苏、安徽、浙江、湖北、湖南、江西、福建、广东、广西、贵州、云南、四川、海南、台湾、香港

· **为害症状** ·

　　成虫和若虫以刺吸式口器吸食嫩枝、叶汁液，排泄物易引发煤烟病。雌虫产卵时将产卵器刺入枝茎内，引起流胶，被害嫩枝叶枯黄，长势弱，难以形成叶芽和花芽。

· **形态特征** ·

　　成虫：体长 6.0~7.5 毫米，翅展 16~18 毫米。头胸部黑褐色至烟黑色，足和腹部褐色，有些个体腹基部及足为黄褐色。复眼黄褐色，单眼红棕色，额区中脊明显，侧脊不明显，触角黄褐色。前胸背板具中脊 1 条，两边刻点明显，中胸背板具胸脊 3 条，中脊长而直；侧脊近中部向前分叉，二叉内斜在端部几乎汇合，外叉较短。前翅褐色至烟褐色，前缘近端部 2/3 处有 1 个长圆形透明斑，正前缘顶角处还有 1 个很小的狭长透明斑，翅外缘有 2 个较大的透明斑，其中前斑形状不规则，后斑长圆形，内有 1 个小褐斑。翅面上有白色蜡粉。后翅黑褐色，半透明，基部色略深。中室端部有 1 个透明斑。少数个体在正前缘处还有 1 个狭长的小透明斑，外缘端部有 1 列小透明斑。外缘端半部有 1 列透明斑。后足胫节外侧有刺 2 个。

　　卵：长卵圆形，乳白色，长 1.2~1.4 毫米。

　　若虫：低龄为乳白色，近羽化时一些个体背部出现褐色斑纹。体形菱状，腹末有白色蜡丝 3 束，白色波状蜡丝能像孔雀似的作开屏状的运动。

· 生 活 习 性 ·

一年发生 1 代，均以卵越冬。江西萍乡于翌年 5 月中旬至 6 月中旬孵化，群集在嫩枝叶上取食活动。7 月上中旬出现成虫。成虫羽化不久即交配产卵。每雌能产卵 4~5 次，每次产卵时间约 7 天。卵聚产于嫩枝梢木质部内越冬，每处 10~87 粒，产卵处表面覆有白色蜡丝。8 月中旬至 9 月产卵越冬，成虫于 9 月上旬至 10 月下旬陆续死去。个别年份可大发生造成严重为害。湖北、贵州等地一年发生 1 代，以卵在当年生枝梢里越冬。如苹果、桃混栽园，则桃枝中也产有大量卵。若虫 5 月中、下旬至 6 月上、中旬孵化，群集于嫩枝叶上吸汁为害，4 龄虫散害于枝梢叶果间，7 月上旬成虫羽化，10 月在贵州都匀等地果园中仍可看到成虫活动。

初羽化成虫色浅，半日后颜色加深至正常态，8~9 天即可交尾产卵。成虫有趋聚产卵的习性，虫量大时被害枝上刺满产卵痕迹。卵块外被白色絮状蜡丝，以后蜡丝脱落，快孵化时露出卵粒，此时可见浅灰色卵端的红色眼点。

八点广翅蜡蝉若虫共 5 龄，40~50 天；成虫 25~50 天，卵期 270~330 天。

▲ 八点广翅蜡蝉成虫

刺吸类害虫

防治方法

1　加强油茶园管理，及时剪除产卵枝并烧毁，减少虫源。

2　冬初向寄主植物喷洒 3~5 波美度石硫合剂，杀灭越冬卵。

3　若虫群集为害时喷洒 10% 吡虫啉可湿性粉剂 2 000 倍液或 48% 乐斯本乳油 3 500 倍液。

缘纹广翅蜡蝉 *Ricania marginalis*（Walker）

别 名	茶褐广翅蛾蜡蝉
分类地位	半翅目（Hemiptera）广翅蜡蝉科（Ricaniidae）
寄主植物	油茶、茶、小叶黄杨、连翘、卫矛、桑、朴树、桃、咖啡、樟树、柑橘等
分布地区	华北及浙江、湖北、重庆、广东

· **为害症状** ·

成虫、若虫主要为害枝条。

· **形态特征** ·

成虫：体长 6.5~8.0 毫米，翅展 19.0~23.0 毫米；体褐色至深褐色，有的个体很浅，近黄褐色，中胸背片色最深，近黑褐色。额中脊长而明显，侧脊很短；前胸背板具中脊，两边刻点明显；中胸背板长，具纵脊 3 条，中脊直而长，侧脊前半端分叉，两内叉内斜在端部互相靠近，外叉很短，基部稍断开。前翅深褐色，后缘颜色稍浅，前缘外方 1/3 处有 1 个三角形大透明斑，其内下方有一近圆形透明斑，此斑的内缘还有一黑褐色圆形小斑；外缘有一大一小两个不规则透明斑，后斑较小，斑纹常散成多个；沿外缘还有 1 列很小的透明小斑点；翅面散布白色蜡粉。后翅黑褐色半透明。

卵：麦粒状。

若虫：体灰色，扁平，腹背有许多直立而左右对称的白色蜡珠。

▲ 缘纹广翅蜡蝉成虫交尾

▲ 缘纹广翅蜡蝉成虫

· 生活习性 ·

一年发生 1~2 代，多以卵在嫩梢内越冬，少数以成虫在树冠中越冬。春季越冬卵孵出若虫刺吸为害芽梢，并分泌蜡丝。6—7月成虫盛发，在树冠间飞动活跃，刺吸为害夏秋季嫩梢，并刺裂枝梢皮层产卵导致芽梢枯竭。

 防治方法

防治方法同八点广翅蜡蝉。

柿广翅蜡蝉 *Ricania sublimbata* Jacobi

分类地位｜半翅目（Hemiptera）广翅蜡蝉科（Ricaniidae）

寄主植物｜油茶、茶、柑橘、梨、栀子、小叶青冈、山胡椒、母猪藤、喜树、无患子、女贞、广玉兰、金合欢、重阳木、樟树、栾树、李、桂花、水杉、野蔷薇等

分布地区｜黑龙江、山东、江西、湖南、湖北、福建、台湾、重庆、广东

· 为害症状 ·

以成虫、若虫密集在嫩梢与叶背吸汁，造成枯枝、落叶、落果、树势衰退。雌成虫产卵于枝条内，造成枝条损伤开裂，伤处易折断或枯条上部分枯死，其排泄物还导致煤烟病，严重影响寄主的生长及经济植物的产值和质量。

· 形态特征 ·

成虫：体长 8.5~10 毫米，翅展 24~36 毫米；头胸背面黑褐色，腹面深褐色；腹部基部黄褐色，其余各节深褐色，尾器黑色，头、胸及前翅表面多被绿色蜡粉。额中脊长而明显，无侧脊，唇基具中脊；前胸背板具中脊，两边具刻点；中胸背板具纵脊 3 条，中脊直而长，侧脊斜向内，端部互相靠近，在中部向前外方伸出一短小的外叉。前翅前缘外缘深褐色，向中域和后缘色渐变淡；前缘外方 1/3 处稍凹入，此处有 1 个三角形至半圆形淡黄褐色斑；后翅为暗褐色，半透明，脉纹黑

色，脉纹边缘有灰白色蜡粉，翅前缘基部色浅，后缘域有 2 条淡色纵纹。前足胫节外侧有刺 2 个。

卵：长 0.8~1.2 毫米，乳白色，长卵形。

若虫：体长 3~6 毫米，体略呈钝菱形，翅芽处最宽，体疏被白色蜡粉，腹部末端有 10 条白色棉毛状蜡丝，呈扇状伸出，其中 2 条向上向前弯曲并张开，蜡丝长 7~15 毫米，另外 8 条蜡丝长 6~12 毫米，虫体两侧各 3 条斜向上举起，其余两条与虫体平行向后伸展。平时腹端上弯，白色棉毛状蜡丝覆于体背以保护身体，常可作孔雀开屏状，向上直立或伸向后方。1~4 龄若虫为白色，5 龄若虫中胸背板及腹背面为灰黑色，头、胸、腹、足均为白色，复眼灰色，中胸背板有 3 个白斑，其中两个近圆形，斑点中有 1 个小黑点，另一个近似三角形，呈倒"品"字形排列。

· **生 活 习 性** ·

柿广翅蜡蝉一年发生 2 代，以卵在寄主枝条、叶脉或叶柄的组织内越冬。越冬卵于 3 月下旬至 5 月下旬孵化，第 1 代若虫 5 月中旬至 6 月下旬羽化，6 月上旬至 7 月上旬产卵，成虫 6 月下旬至 7 月中旬死亡。第 2 代若虫

▲ 柿广翅蜡蝉成虫

6 月中旬至 7 月下旬孵化，8 月上旬至 9 月上旬羽化，8 月下旬至 11 月上旬产卵越冬，9 月中旬至 11 月下旬成虫死亡。

成虫全天均可羽化，但以 21：00 至次日 10：00 羽化最盛。成虫、若虫均善于跳跃，成虫羽化后 3~11 天开始交配，每头雌虫一生可交配 1~3 次，雌虫脱交后次日开始产卵。产卵时，每产一粒卵均先用产卵器将嫩梢、叶柄或叶背主脉的皮层刺破，然后将卵产入木质部，再分泌白色棉絮状覆盖物；接着再依次将卵粒产入寄主组织内。卵块呈条状双行互生倾斜排列，上面白色棉絮状覆盖物较均匀。若

虫于 8：00—23：00 孵出，但以 13：00—17：00 孵化最盛。初孵若虫腹末光滑，善爬行，常群集于卵块周围的叶背或嫩枝上，经数小时后，腹末即分泌出雪花状的蜡丝丛覆盖于体背，犹如孔雀开屏，体色变成淡绿至绿色，并开始跳跃活动。若虫 3 龄前，常与成虫一起群集为害，5 月至 6 月上旬多群集于柑橘、柚等幼果果柄上为害，导致果实变黄，落果率可达 80%；7—9 月多群集于嫩梢上为害，每处有虫几十至百余只。群集被害处，因若虫和成虫分泌"蜜露"，污染植物枝条、果柄和地面，导致煤烟病和流胶病大量发生，严重影响植株生长和产量。若虫在晴天和阴天甚为活跃，稍遇惊动即跳跃它处；雨天和晚上多栖息于树冠内膛枝条上或叶背。3 龄后多分散活动，食量也显著增大。

柿广翅蜡蝉发生和为害的轻重与气候条件、寄主品种和生育期、栽培技术、生境条件（地形和植被）和天敌等因素密切相关。柿广翅蜡蝉性喜温暖干旱，最适发育气温 24~32℃，相对湿度 50%~68%。凡 1—4 月月均温比常年高，降水量比常年偏多，干旱指数略低的年份，第 1 代发生重；凡 5—10 月月均温低于常年，降水量较常年少，干旱指数大于 0.8 以上年份，第 2 代可能大发生。同时，在同一地区或果园，凡春、秋梢抽发早、生长茂盛、品质好、栽培密度较大，丘陵和山区的果园，一般发生较重。

防治方法

1 加强农业防治：冬季至初春，应清洁果园，合理增施基肥；结合冬季和夏季修剪，及时清除着卵的枝条和叶片。

2 保护和利用天敌：柿广翅蜡蝉的天敌较多，现已查明的有 24 种，其中小蚂蚁捕食卵，赤眼蜂和舞毒蛾卵平腹小蜂寄生卵，中华草蛉、大草蛉、晋草蛉、八斑瓢虫、龟纹瓢虫、异色瓢虫、长颈蓝步甲等捕食若虫，两点广腹螳螂、大刀螂、点球腹蛛、灰背狼蛛、麻雀、蝙蝠、燕子等捕食若虫和成虫。小蚂蚁、中华草蛉、两点广腹螳螂、异色瓢虫和点球腹蛛等为优势种，具有较强抑制作用，可以充分利用。

3 化学防治：根据虫情监测，于各代若虫盛孵期喷洒 10% 吡虫啉可湿性粉剂 2 000 倍液或 48% 乐斯本乳油 3 500 倍液。

钩纹广翅蜡蝉 *Ricanula simulans* Walker

别　　名	条纹广翅蜡蝉
分类地位	半翅目（Hemiptera）广翅蜡蝉科（Ricaniidae）
寄主植物	油茶、茶、桑、柑橘等
分布地区	黑龙江、山东、四川、浙江、福建、台湾、江西、广东、广西

· **为 害 症 状** ·

成虫、若虫喜食嫩枝和芽。

· **形 态 特 征** ·

成虫：体长 7~9 毫米；体褐色至深褐色，以前胸背板颜色最深，后翅色淡，前翅油状光泽明显。前翅广阔，外缘和内缘长度相等，前缘的横脉域和外缘整齐排列的端室连成一横带，并略呈波状；前缘外方 2/5 处有一长三角形透明斑；内横带透明，宽而略呈弧形，前端不到前缘的横脉域；外横带由两条透明的短横带组成，其前带的末端向内伸出一小叉；内外横带之间近顶角处有一黑褐色隆起的眼斑。

· **生 活 习 性** ·

不详。

▲ 钩纹广翅蜡蝉成虫

防治方法

防治方法同八点广翅蜡蝉。

丽纹广翅蜡蝉 *Ricanula pulverosa* Stål

别　　名 | 粉黛广翅蜡蝉
分类地位 | 半翅目（Hemiptera）广翅蜡蝉科（Ricaniidae）
寄主植物 | 油茶、茶、可可、咖啡、油梨、野牡丹等
分布地区 | 浙江、福建、广东、台湾

· **为害症状** ·

成虫、若虫喜食嫩枝和芽。

· **形态特征** ·

成虫：体长 5.0~7.0 毫米，翅展 16.0~22.0 毫米。头黑褐色，额侧缘各有 2 个黄褐色长条斑，近唇基处黄褐色；颊在单眼处和复眼的上方、前方各有 1 个黄褐色小斑；前胸、中胸黑褐色，后胸黄褐色，腹部基节背面黄褐色，其余各节黑褐色。唇基无中脊，略隆起；额的基部 1/5 处有一横脊，脊下方凹入，额的中脊、侧脊均明显。前翅烟褐色，前缘域色稍深；近顶角处有 2 个隆起的斑点；前缘外方 2/5 处有 1 个黄褐色半圆形至三角形斑，被褐色横纹分隔成 2~4 个小室，此斑沿前缘到翅基部有 10 余条黄褐色斜纹；翅近后缘的中域有黄褐色网状细横纹。后翅黑褐色，半透明，前缘基部色浅。

· **生活习性** ·

成虫出现于 4—7 月，生活在低、中海拔山区。

▲ 丽纹广翅蜡蝉成虫

防治方法

防治方法同八点广翅蜡蝉。

白蛾蜡蝉 *Lawana imitata* Melicha

别　　名 | 紫络蛾蜡蝉、白翅蜡蝉
分类地位 | 半翅目（Hemiptera）蛾蜡蝉科（Flatidae）
寄主植物 | 油茶、茶、柑橘、荔枝、龙眼、杧果、桃、李、梅、波罗蜜、咖啡、石榴、无花果、番木瓜、梨、胡椒等
分布地区 | 广西、广东、云南、浙江、湖南、湖北

· **为害症状** ·

成虫、若虫吸食枝条和嫩梢汁液，使其生长不良，叶片萎缩而弯曲，重者枝枯果落，影响产量和质量。其排泄物可诱致煤烟病发生。

· **形态特征** ·

成虫：体长 19.0~21.3 毫米，碧绿或黄白色，被白色蜡粉。头尖，触角刚毛状，复眼圆形，黑褐色；中胸背板上具 3 条纵脊。前翅略呈三角形，粉绿或黄白色，具蜡光，翅脉密布呈网状，翅外缘平直，臀角尖而突出；径脉和臀脉中段黄色，臀脉中段分支处分泌蜡粉较多，集中于翅室前端成一小点。后翅白色或淡黄色，半透明。

卵：长椭圆形，淡黄白色，表面具细网纹。

若虫：体长 8.0 毫米，白色，稍扁平，全体布满棉絮状蜡质物，翅芽末端平截，腹末有成束粗长蜡丝。

· **生活习性** ·

南方一年发生 2 代，以成虫在枝叶间越冬；翌年 2 至 3 月越冬成虫开始活动，取食、交配、产卵于嫩枝、叶柄组织中，互相连接成长条形卵块。产卵期较长，3 月中旬至 6 月上旬为第 1 代卵发生期，6 月上旬始见第 1 代成虫，7 月上旬至 9 月下旬为第 2 代卵发生期，第 2 代成虫 9 月中旬始见，为害至 11 月陆续越冬。初孵若虫群聚嫩梢上为害，随生长渐分散为 3~5 头小群活动为害。成虫、若虫均善跳跃；4—5 月和 8—9 月为第 1、2 代若虫盛发期。

成虫善跳能飞，但只作短距离飞行。卵产在枝条、叶柄皮层中，卵粒纵列成长条块，每块有卵几十粒至 400 多粒；产卵处稍微隆起，表面呈枯褐色。若虫有群集性，初孵若虫常群集在附近的叶背和枝条。随着虫龄增大，

虫体上的白色蜡絮加厚，且略有三五成群分散活动。若虫善跳，受惊动时便迅速弹跳逃逸。成虫和若虫都吸食寄主枝叶汁液，尤其是嫩枝、嫩叶的汁液，使嫩梢生长不良，叶片萎缩弯曲。幼果期被害则造成落果。若虫取食时多静伏于新梢、嫩枝，在每次蜕皮前移至叶背，蜕皮后返回嫩枝上取食。若虫体上蜡丝束可伸张，有时犹如孔雀开屏。成虫栖息时，

▲ 白蛾蜡蝉成虫

在树枝上往往排列成整齐的"一"字形。夏秋两季阴雨天多，降水量较大时，害虫发生较严重。

防治方法

1 加强油茶园管理：疏除徒长枝，秋、冬季剪除着卵枯枝并烧毁。

2 人工捕杀成虫、若虫：成虫、若虫盛发期，用脸盆装水后加少许洗衣粉，放在树冠下，振摇油茶树捕杀。

3 化学防治：若虫群集为害时，可喷洒森得保可湿性粉剂 2 000 倍液或 5% 氟铃脲乳油 2 000 倍液。

褐缘蛾蜡蝉 *Salurnis marginella*（Guérin）

别　　名 | 青蛾蜡蝉、青蜡蝉、褐边蛾蜡蝉
分类地位 | 半翅目（Hemiptera）蛾蜡蝉科（Flatidae）
寄主植物 | 油茶、茶、柑橘、咖啡、梨、荔枝、龙眼、杧果、油梨、迎春花等
分布地区 | 广西、广东、安徽、江苏、浙江、四川

· **为害症状** ·

以成虫、若虫在幼嫩枝梢上吸食汁液，发生严重时，导致树势衰弱，枝条干枯死亡；其排泄物均可诱发煤烟病。

· 形态特征 ·

成虫：体长 7 毫米。头部黄褐色，顶极短，略呈圆锥状突出，中突具一褐色纵带。触角深褐色，端节膨大，前胸背片较长，约为头长的 2 倍；前缘褐色向前突出于复眼之间，后缘略凹陷呈弧形。中胸背片发达，左右各有 2 条弯曲的侧脊，有红褐色纵带 4 条，其余部分为绿色。腹部侧扁灰黄绿色，被白色蜡粉。前翅绿色或黄绿色，边缘褐色；在爪片端部有一显著的马蹄形褐斑，斑的中央灰褐色；网关脉纹明显隆起。后翅缘白色，边缘完整。前、中足褐色，后足绿色。

卵：淡绿色，短香蕉状。

若虫：绿色，胸背无蜡絮，有 4 条红褐色纵纹，腹背布白色蜡絮，腹末有 2 束白绢状长蜡丝。

▲ 褐缘蛾蜡蝉成虫

· 生活习性 ·

褐缘蛾蜡蝉一年发生 1 代，以卵越冬。成虫喜潮湿，畏阳光，卵多产在红棕色或灰白色的油茶树枝梢皮层下，也可产在叶柄、叶背主脉的组织中，产卵处外表可见有少数白色绵状物。若虫喜群栖在徒长枝及中上部枝上为害。栖息被害处也覆有白色绵状物，目标明显，较易发现。主要为害时期在 5—6 月。

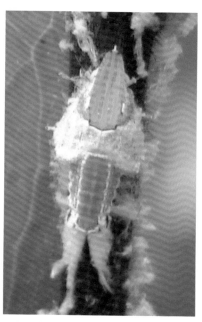

▲ 褐缘蛾蜡蝉幼虫

防治方法

防治方法同白蛾蜡蝉。

碧蛾蜡蝉 *Geisha distinctissima*（Walker）

别　　名｜茶蛾蜡蝉、绿蛾蜡蝉、青翅羽衣、橘白蜡虫、碧蜡蝉

分类地位｜半翅目（Hemiptera）蛾蜡蝉科（Flatidae）

寄主植物｜油茶、茶、柑橘、梨、桃、杨梅、无花果、葡萄、甘蔗、花生、樟树、大叶黄杨、栀子、喜树、海桐等

分布地区｜东北及山东、江苏、上海、浙江、江西、湖南、福建、广东、广西、海南、四川、贵州、云南

· 为害症状 ·

以成虫和若虫刺吸嫩梢、叶片，使新梢生长迟缓，芽叶质量降低。雌虫产卵时刺伤嫩茎皮层，严重时使嫩茎枯死。若虫分泌蜡丝，严重时枝、茎、叶上布满白色蜡质絮状物，致使树势衰弱。此外，该虫的分泌物还可诱发煤烟病。

· 形态特征 ·

成虫：成虫全体淡绿色，雌成虫体长 7~8 毫米，翅展 20~21 毫米，雄成虫体长 6~7 毫米，翅展 18~20 毫米，触角基部两节粗，端部成芒状，复眼紫褐色。中胸背板上有 4 条赤褐色纵纹，中间两条较明显。前翅绿色，近长方形，翅脉丰富，呈网状，翅脉、前缘、外缘及后缘处有褐斑；后翅乳白色至淡绿色，半透明。停飞时两翅相接成脊状，无平展状。

足淡黄绿色，跗节与爪赤褐色。

▲ 碧蛾蜡蝉成虫

卵：乳白色，纺锤形，长约 1.5 毫米，其上有两条纵凹沟和一条鳍状突起。

若虫：初孵若虫体长约 2.0 毫米，老熟若虫 5~6 毫米，全体淡绿色，腹部被白色蜡质絮状物。复眼灰色，触角和足淡黄色，腹末有一束绢丝状蜡质长毛。

· 生活习性 ·

一年发生 1 代，以卵在油茶树中、下部枝梢、叶柄、老叶背

面组织内越冬，也有以成虫越冬，越冬卵大约在5月初孵化；成虫盛发期在6—7月，此时也是产卵盛期。成虫、若虫都有趋嫩怕光的习性，早晨露水未干时，在嫩叶背面取食，阳光强烈时躲进树冠中。成虫、若虫都善跳，遇惊即逃。卵多产在油茶树嫩茎内，也可产在枯枝及园林花草树木的幼嫩组织中。

防治方法

防治方法同白蛾蜡蝉。

锈涩蛾蜡蝉 *Seliza ferruginea* Walker

分类地位｜半翅目（Hemiptera）蛾蜡蝉科（Flatidae）
寄主植物｜油茶、茶、山茶、咖啡
分布地区｜安徽、浙江、福建、广东、贵州、四川、湖南

· **为害症状** ·

以成虫和若虫刺吸嫩梢、叶片，使新梢生长迟缓。该虫的分泌物还可诱发煤烟病。

· **形态特征** ·

成虫：体长5.5毫米左右；头、前胸背板和身体下方褐色，中胸背板及腹部淡褐色；顶宽扁，横长方形，近前缘左右各有一黑褐色斑点。前翅淡褐赭色，深浅不均匀，翅脉色深，翅面凸凹不平，顶角和臀角均较圆，横脉多网状；后翅浅烟褐色，翅脉深褐色。

· **生活习性** ·

不详。

▲ 锈涩蛾蜡蝉成虫

防治方法

结合防治八点广翅蜡蝉时共同防治。

东方丽沫蝉 *Cosmoscarta heros*（Fabricius）

别　　名	红斑沫蝉
分类地位	半翅目（Hemiptera）沫蝉科（Cercopidae）
寄主植物	油茶、茶、核桃、野葡萄等
分布地区	福建、浙江、江西、广东、广西、四川、贵州、云南、海南和香港

· **为害症状** ·

以成虫、若虫吸食寄主植物汁液。

· **形态特征** ·

成虫：体长雄虫 14.6~17.0 毫米，雌虫 15.6~17.2 毫米。头（包括颜面）及前胸背板紫黑色具光泽。复眼灰色，单眼浅黄色。触角基节褐黄色。喙橘黄色或橘红色或血红色。小盾片橘黄色。前翅黑色，翅基及翅端部网状脉纹区之前各有 1 条橘黄色横带，其中，翅基的 1 条极阔，近三角形，翅端之前的 1 条较窄，呈波形。后翅灰白色，透明，脉纹深褐色，翅基、翅基的脉纹、前缘区与径脉（R）基部 2/3 及爪区浅红色。胸节腹面褐色或紫黑色，后胸侧板及腹板橘黄色、橘红色

▲ 东方丽沫蝉成虫

或血红色。足橘黄色、橘红色或血红色，跗节、爪、前足与中足的腿节末端与胫节以及后足胫节末端暗褐色，后足胫节外侧刺与端刺的刺尖及后足第 1、2 跗节端刺的刺尖黑色。腹节橘黄色、橘红色或血红色，侧板及腹板的中央有时黑色。

· **生活习性** ·

一年发生 1 代，多数以卵在寄主干内过冬，翌年 4 月孵化。

防治方法

1 冬初，向寄主植物喷洒 3~5 波美度石硫合剂，杀灭越冬卵。

2 掌握若虫虫情，在其孵化前喷洒森得保可湿性粉剂 2 000 倍液或 3% 高渗苯氧威乳油 3 000 倍液。

卵沫蝉 *Peuceptyelus* sp.

分类地位｜半翅目（Hemiptera）沫蝉科（Cercopidae）
寄主植物｜油茶、茶等
分布地区｜广东、台湾

· **为害症状** ·

以成虫、若虫吸食寄主植物汁液。

· **形态特征** ·

成虫：小型，体褐色至黑色，头部红褐色，复眼浅绿色；小盾片为黑色三角形。

· **生活习性** ·

不详。

▲ 卵沫蝉成虫之一

防治方法

防治方法同东方丽沫蝉。

▲ 卵沫蝉成虫之二

琼凹大叶蝉 *Bothrogonia qiongana* Yang & Li

分类地位 | 半翅目（Hemiptera）叶蝉科（Cicadellidae）
寄主植物 | 油茶等
分布地区 | 广东、海南、贵州

· 为 害 症 状 ·

　　以成虫、若虫吸食寄主植物汁液。

· 形 态 特 征 ·

　　成虫：体长约 6 毫米，头、胸部带有若干黑色圆形斑点，前翅土黄色，带有灰白色细纹。

· 生 活 习 性 ·

　　常见于草丛中，吸食小型灌木汁液。

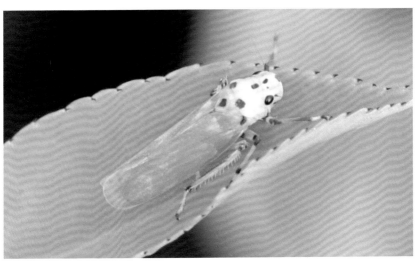

▲ 琼凹大叶蝉成虫

防治方法

1　清除林间杂草。

2　卵期和若虫期喷洒 40% 绿来宝乳油 5 000 倍液。

大青叶蝉 *Cicadella viridis*（Linnaeus）

别　　名	青叶跳蝉、青叶蝉、大绿浮尘子
分类地位	半翅目（Hemiptera）叶蝉科（Cicadellidae）
寄主植物	油茶、杨、柳、白蜡、刺槐、苹果、桃、梨、桧柏、梧桐、扁柏等
分布地区	全国各地

· 为害症状 ·

以成虫和若虫为害叶片，刺吸汁液，造成褪色、畸形、卷缩，甚至全叶枯死。此外，还可传播病毒病。

· 形态特征 ·

成虫：雌虫体长 9.4~10.1 毫米，雄虫体长 7.2~8.3 毫米；头部正面淡褐色，两颊微青，在颊区近唇基缝处左右各有一小黑斑；触角窝上方、两单眼之间有 1 对黑斑；复眼绿色，前胸背板淡黄绿色，后半部深青绿色；小盾片淡黄绿色，中间横刻痕较短，不伸达边缘；前翅绿色带有青蓝色泽，前缘淡白色，端部透明，翅脉为青黄色，具有狭窄的淡黑色边缘；后翅烟黑色，半透明；腹部背面蓝黑色，两侧及末节为淡橙黄带有烟黑色，胸、腹部腹面及足为橙黄色。

卵：白色微黄，长卵圆形，长 1.6 毫米，宽 0.4 毫米，中间微弯曲，一端稍细，表面光滑。

若虫：初孵化时白色，微带黄绿；头大腹小，复眼红色；2~6 小时后，体色渐变淡黄色、浅灰色或灰黑色；3 龄后出现翅芽；老熟若虫体长 6~7 毫米，头冠部有 2 个黑斑，胸背及两侧有 4 条褐色纵纹直达腹端。

· 生活习性 ·

各地的世代有差异，从吉林一年发生 2 代而至江西一年发生 5 代。以卵在林木嫩梢和干部皮层内越冬。若虫近孵化时，卵的顶端常露在产卵痕外，孵化时间均在早晨，以 7：30—8：00 为孵化高峰。初孵若虫喜群聚取食，在寄主叶面或嫩茎上常见 10 多个或 20 多个若虫群聚为害，偶然受惊便斜行或横行，由叶面向叶背逃避，如惊动太大，便跳跃而逃。一般早上，气温较冷或潮

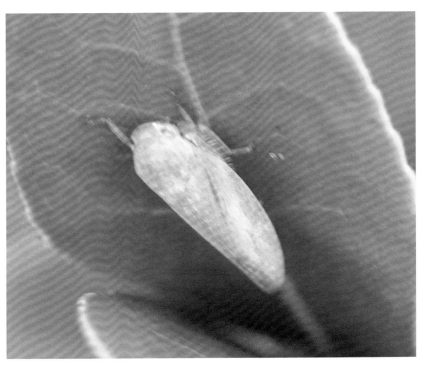

▲ 大青叶蝉成虫

湿，不是很活跃；午前到黄昏较为活跃。若虫爬行一般均由下往上，多沿树木枝干上行，极少下行。成虫趋光性很强，飞翔能力较弱，以中午或午后气候温和、日照强烈时活动较盛，飞翔也多。

1 产卵前，树干涂白，防止和减少产卵。

2 利用黑光灯诱杀成虫。

3 若虫期喷洒 25% 扑虱灵可湿性粉剂 1 000 倍液或 48% 乐斯本乳油 3 500 倍液。

假眼小绿叶蝉 *Empoasca vitis*（Gothe）

别　　名 | 浮尘子、假眼小绿浮尘子、小绿叶蝉
分类地位 | 半翅目（Hemiptera）叶蝉科（Cicadellidae）
寄主植物 | 油茶、茶、柑橘、马尾松、千年桐、花生、大豆、麦类、棉、桑及十字花科蔬菜等
分布地区 | 江苏、安徽、浙江、湖北、湖南、福建、广东、海南、广西、贵州、云南

· 为害症状 ·

以若虫、成虫刺吸嫩梢芽叶汁液，雌成虫在嫩梢内产卵，导致输导组织受损，养分丧失，水分供应不足。

· 形态特征 ·

成虫：头至翅端 3.1~3.8 毫米，淡绿色至淡黄绿色。头冠中域大多有两个绿色斑点，头前缘有 1 对绿色圈，又称为假单眼，复眼灰褐色。中胸小盾板有白色条带，横刻平直。前翅淡黄绿色，前缘基部绿色，翅端透明或微烟褐色。足与体同色，但各足胫节端部及跗节绿色。

卵：新月形，长约 0.8 毫米，宽约 0.15 毫米，初为乳白色，渐转淡绿，孵化前前端可见 1 对红色眼点。

若虫：共 5 龄。初为乳白色，随虫龄增长，渐变淡黄转绿，3 龄时翅芽开始显露，5 龄时翅芽伸达第 5 腹节。

· 生活习性 ·

广东每年可发生 13 代，粤北以成虫越冬，其他地方无明显越冬现象；世代重叠，油茶园中可以同时见到成虫、若虫，但全年中有两个虫口高峰期，第 1 个高峰期在 5—6 月，第 2 个高峰期在 9—10 月。假眼小绿叶蝉具

▲ 假眼小绿叶蝉若虫

趋嫩性，只为害嫩梢芽叶，性畏光怕湿，清晨露水未干时不太活动，太阳出来后逐渐向树冠内转移。它的成虫是逐渐孕卵的，卵逐日产出，每日产 1~2 粒。

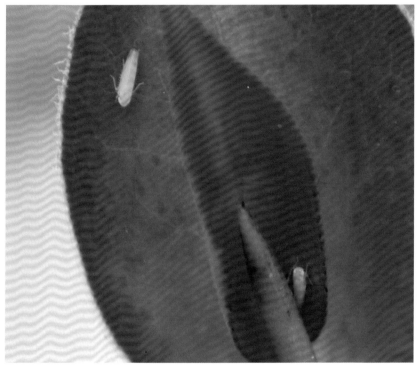

▲ 假眼小绿叶蝉成虫

防治方法

1 冬季清除杂草及枯枝落叶，消灭越冬成虫。

2 生长期清除植株周围的杂草。

3 虫害发生初期（5 月初）喷洒 25% 扑虱灵可湿性粉剂 1 000 倍液或 25% 阿克泰水分散粒剂 5 000 倍液，每周一次，连续 2~3 次。

绿草蝉 *Mogannia hebes*（Walker）

分类地位｜半翅目（Hemiptera）蝉科（Cicadidae）
寄主植物｜油茶等
分布地区｜全国除北方外的大部分省区

▲ 绿草蝉成虫

· **为害症状** ·

以成虫、若虫吸食寄主植物汁液。

· **形态特征** ·

成虫：体绿色或绿褐色，有的为黄绿色或黄褐色，密被金黄色极短的毛，后唇基突出较短，稍短于头顶中央，腹部稍长于头胸部。单眼浅橘黄色，复眼黑褐色。前胸背板周缘绿色，后角稍扩张，内片浅褐色，中央纵带黄绿色，两侧有黑褐色界限。前后翅透明，前翅基半部浅黄色，翅脉绿色。腹背中央稍隆起，黄绿色或绿褐色，两侧有不规则黑斑。

· **生活习性** ·

不详。

防治方法

喷洒25%除尽悬浮剂1 000倍液。

琉璃草蝉 *Mogannia cyanea* Walker

别　　名 | 兰草蝉
分类地位 | 半翅目（Hemiptera）蝉科（Cicadidae）
寄主植物 | 油茶等
分布地区 | 四川、江西、湖南、云南、广西、福建、台湾

刺吸类害虫

· **为 害 症 状** ·

以成虫、若虫吸食寄主植物汁液。

· **形 态 特 征** ·

成虫：体几乎黑色，具蓝色金属光泽，密被黑褐色短毛，后唇基突出，密被黑褐色或黑色长毛，稍长于头顶中央。单眼橘黄色，复眼黑褐色；前后翅透明，前翅基半部黑褐色或橙色，有的个体为黄色，结线外或第1、2中室基部有褐色横带或斑点，基半部脉纹赭色或橙色，端半部深褐色；后翅基部红色、橙色或赭色，翅脉基半部橙色，端半部赭色。

▲ 琉璃草蝉成虫

· **生 活 习 性** ·

不详。

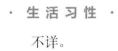

防治方法同绿草蝉。

锚角蝉 *Leptobrlus* sp.

分类地位 | 半翅目（Hemiptera）角蝉科（Membracidae）
寄主植物 | 油茶
分布地区 | 广东

· 为 害 症 状 ·

以成虫、若虫吸食寄主植物汁液。

· 形 态 特 征 ·

成虫：头部到翅的端部大约长 10 毫米。本种体背的犄角形锚状突起发达，左右的犄角宽度与体长接近，纵向的犄角向后延伸几乎达到翅的端部。常发现于灌木之上，善跳跃。

· 生 活 习 性 ·

不详。

▲ 锚角蝉成虫

防治方法

若虫期喷洒 3% 啶虫脒乳油 1 000 倍液。

茶蚜 *Toxoptera aurantii*（Boyer）

别　　名	茶二叉蚜、可可蚜、蜜虫、腻虫、油虫
分类地位	半翅目（Hemiptera）蚜科（Aphididae）
寄主植物	油茶、茶、咖啡、可可、无花果等
分布地区	江苏、浙江、安徽、江西、福建、台湾、湖北、湖南、广东、海南、广西、四川、贵州、云南、山东

· 为害症状 ·

主要以成虫或若虫聚集在新梢嫩叶背及嫩茎上刺吸汁液，受害芽叶萎缩，伸长停滞，甚至芽梢枯死；其排泄的蜜露，可招致煤菌寄生，引发煤烟病。

· 形态特征 ·

有翅成蚜：体长约 2 毫米，黑褐色，有光泽；触角第 3 节至第 5 节依次渐短，第 3 节一般有 5~6 个感觉圈排成一列，前翅中脉二叉，腹部背侧有 4 对黑斑，腹管短于触角第 4 节，而长于尾片，基部有网纹。

有翅若蚜：棕褐色，触角第 3 节至第 5 节几乎等长，感觉圈不明显，翅蚜乳白色。

无翅成蚜：近卵圆形，稍肥大，棕褐色，体表多细密淡黄色横列网纹，触角黑色，第 3 节上无感觉圈，第 3 节至第 5 节依次渐短。

无翅若蚜：浅棕色或淡黄色。

卵：长椭圆形，一端稍细，漆黑色而有光泽。

· 生活习性 ·

茶蚜一年发生 25 代以上，以卵在叶背越冬，华南地区以无翅蚜越冬，甚至无明显越冬现象。当早春 2 月下旬平均气温持续在 4℃以上时，越冬卵开始孵化，3 月上中旬可达孵化高峰，经连续

▲ 茶蚜

孤雌生殖，到4月下旬至5月上中旬出现为害高峰，此后随气温升高而虫口骤降，直至9月下旬至10月中旬，出现第2次为害高峰，并随气温降低出现两性蚜，交配产卵越冬，产卵高峰一般在11月上中旬。

茶蚜趋嫩性强，以芽下第1、2叶上的虫量最大，聚集在新梢嫩叶背及嫩茎上刺吸汁液，受害芽叶萎缩，伸展停滞，甚至枯竭，其排泄的蜜露可引发煤烟病。

▲ 茶蚜及其为害症状

防治方法

1 注意天敌保护：茶蚜的天敌资源十分丰富，如瓢虫、草蛉、食蚜蝇等捕食性天敌和蚜茧蜂等寄生性天敌，春季随茶蚜虫口增加，天敌数量也随之增加，对茶蚜种群的消长可起到明显的抑制作用。

2 化学防治：为害较重的油茶园应采用农药防治，施药方式以低容量蓬面扫喷为宜，药剂可选用10%吡虫啉（平均10~15克/亩）。

椴斑蚜 *Tiliaphis* sp.

分类地位 | 半翅目（Hemiptera）蚜科（Aphididae）

分布地区 | 广东

· 为 害 症 状 ·

以成虫、若虫吸食植物枝干、果实汁液。

· 形 态 特 征 ·

有翅雌蚜胎生蚜体长约2.5毫米，红褐色，有黑色斑纹。若蚜黄棕色，头胸红褐色。

· 生 活 习 性 ·

不详。

▲ 椴斑蚜雌成虫

▲ 椴斑蚜若虫

刺吸类害虫

防治方法

1 冬初喷洒 3~5 波美度石硫合剂，杀灭越冬卵。

2 若虫、成虫发生初期喷洒 10% 吡虫啉可湿性粉剂 2 000 倍液或 1.2% 苦参碱乳油 1 000 倍液。

3 保护天敌，如瓢虫、草蛉、食蚜蝇等。

油茶黑胶粉虱 *Aleurotrachelus camellia* Kuwana

别　　名	楮黑粉虱、楮黑漆粉虱、小黑粉虱
分类地位	半翅目（Hemiptera）粉虱科（Aleyrodidae）
寄主植物	油茶、杨梅
分布地区	油茶、杨梅产区

· 为害症状 ·

以口针插入叶片组织吸食汁液，绝大多数幼虫寄生于叶片背面，引发煤烟病，受害严重时整株油茶发黑，造成油茶落花落果，影响油茶生产。

· 形态特征 ·

成虫：雌成虫体长 2 毫米，头、胸部暗灰色，腹部橘红色。前翅有 6 块淡黄色斑，分布于前、外、后缘上，前缘两个色斑中，1 个较狭长，止于主脉下折处。后翅略小。雌成虫腹末开口呈钝端，有短柄附于叶背面。雄虫略小于雌虫，交配辅器钳状，于腹部末端突出，交配器楔状。

卵：长约 0.2 毫米，黄褐色，香蕉形，竖立，卵壳表面光滑，有卵柄。

若虫：初孵时浅黄色，体长约 0.2 毫米，后逐渐变成红棕色，长椭圆形。有 3 龄幼虫。胸气门以前的虫体部分有长缘毛 10 根，其他部位体缘有短缘毛 10 根，臀部有长刺毛 4 根。2 龄幼虫长梨圆形，背腹扁平，前端略尖，后端平截而向内略凹陷，背部漆黑革质，腹面灰白色、膜质，背面中部有脊状隆起。胸气门陷处各有一簇白色蜡毛。臀部也长有一团蜡毛，体缘腺成栉齿状突出。

伪蛹：长约 1 毫米，为离蛹，初为淡黄色，半透明，后渐变为橙黄色，复眼黑色，翅芽灰色。

· 生活习性 ·

一年发生 1 代，以 2 龄以上幼虫在叶背的黑色蛹壳下越冬。翌年 3 月下旬环境适宜时化蛹，4 月上旬开始羽化，羽化盛期在 4 月中旬。羽化适宜条件在日均温度 18℃ 左右，相对湿度大于 80%。时晴时雨天气有利于羽化产卵。一般羽化时间在上午 8:00—10:00 开始，12:00—14:00 为羽化高峰。成虫产卵后转移到新梢嫩叶上栖息，善飞翔，成虫羽化约延续 20 天左右。成虫有多次交尾现象，大多将卵产于新老叶片背面。该虫寿命平均 4~6 天。幼虫在 6 月上中旬出现，善于爬行，为害叶片后寄生于叶片背面，7 月中下旬普遍蜕皮进入 2 龄，2 龄幼虫的足和触角退化，丧失活动能力，2 龄幼虫历期 250 天左右，为害性极大，既为害叶片，又能诱发煤烟病，影响树势。

▲ 油茶黑胶粉虱为害症状之一

▲ 油茶黑胶粉虱为害症状之二

防治方法

1 低龄幼虫期喷洒 25% 扑虱灵可湿性粉剂 1 000 倍液或 10% 吡虫啉可湿性粉剂 2 000 倍液。

2 保护草蛉等天敌。

日本履绵蚧 *Drosicha corpulenta*（Kuwana）

别　　名｜草履蚧、草鞋蚧

分类地位｜半翅目（Hemiptera）绵蚧科（Monophlebidae）

寄主植物｜油茶、柳、槐、白蜡、栎、板栗等

分布地区｜西北、华北、华中、华东及辽宁、湖南、广东等地

· **为害症状** ·

若虫和雌成虫常成堆聚集在芽腋、嫩梢、叶片和枝干上，吮吸汁液为害，造成植株生长不良，早期落叶。

· **形态特征** ·

成虫：雌成虫体长达10毫米左右，椭圆形，形似草鞋，背略突起，腹面平，体背暗褐色，边缘橘黄色，背中线淡褐色；体分节明显，胸背可见3节，腹背8节，多横皱褶和纵沟；体表被细长的白色蜡粉。雄成虫体紫红色，长5~6毫米；翅1对，淡黑至紫蓝色，前缘脉红色。

卵：椭圆形，初为淡黄色，后为褐黄色，外被粉白色卵囊。

若虫：体灰褐色，外形似雌成虫，初孵时长约2毫米。

蛹：圆筒形，长约5毫米，褐色，外有白色棉絮状物。

· **生活习性** ·

一年发生1代，以卵在卵囊内于寄主植物根际附近土壤、墙缝、树皮缝、枯枝落叶层及石块堆下越冬，极个别以1龄若虫越冬。若虫出蛰后，沿树干向上爬至嫩芽腋间吸食为害。3月下旬若虫扩散转移为害。5月上旬雌雄交配，雌成虫交配后下爬至树干基部松土层等处产卵。每雌成虫可产卵100多粒，卵产在卵袋中。

▲ 日本履绵蚧雌成虫

防治方法

1 搞好林地环境卫生，清除林地砖头堆、渣土、垃圾和杂草等，消灭越冬虫卵。

2 冬末树液即将开始流动时，在树干基部上方涂抹闭合黏虫胶或绑缚闭合塑料环，胶或环宽约 20 厘米，黏杀或阻隔上树若虫。

3 低龄或爬行若虫期，可喷洒 3% 高渗苯氧威乳油或 10% 吡虫啉可湿性粉剂 2 000 倍液，喷洒时药液加入 1‰的中性洗衣粉，以增加药效。

4 保护天敌，捕食性天敌主要有红环瓢虫、黑缘瓢虫，寄生性天敌主要有草履蚧花翅跳小蜂、草履蚧白僵菌等。

康氏粉蚧 *Pseudococcus comstocki*（Kuwana）

别　　名	桑粉蚧、梨粉蚧、李粉蚧
分类地位	半翅目（Hemiptera）粉蚧科（Pseudococcidae）
寄主植物	油茶、茶、苹果、梨、桃、李、枣、梅、山楂、葡萄、杏、核桃、柑橘、无花果、荔枝、石榴、板栗、柿等
分布地区	吉林、辽宁、陕西及华北、华中、华东、华南、西南等

· 为 害 症 状 ·

若虫和雌成虫刺吸芽、叶、果实、枝干及根部的汁液，嫩枝和根部受害常肿胀且易纵裂而枯死。幼果受害多成畸形果。排泄蜜露常引起煤烟病发生，影响光合作用而削弱树势，导致产量与品质下降。

· 形 态 特 征 ·

成虫：雌成虫椭圆形，较扁平，体长 3~5 毫米，粉红色，体被

▲ 康氏粉蚧雌成虫之一

白色蜡粉，体缘具 17 对白色蜡刺，腹部末端一对几乎与体长相等。触角多为 8 节。腹裂 1 个，较大，椭圆形。肛环具 6 根肛环刺。臀瓣发达，其顶端生有 1 根臀瓣刺和几根长毛。多孔腺分布在虫体背、腹两面。刺孔群 17 对，体毛数量很多，分布在虫体背腹两面，沿背中线及其附近的体毛稍长。雄成虫体紫褐色，体长约 1 毫米，翅展约 2 毫米，翅 1 对，透明。

卵：椭圆形，浅橙黄色，卵囊白色絮状。

若虫：椭圆形，扁平，淡黄色。蛹淡紫色，长 1.2 毫米。

· 生 活 习 性 ·

一年发生 3 代，主要以卵在树体各种缝隙及树干基部附近土石缝处越冬，少数以若虫和受精雌成虫越冬。寄主萌动发芽时越冬若虫开始活动，卵开始孵化分散为害，第 1 代若虫盛发期为 5 月中下旬，6 月上旬至 7 月上旬陆续羽化，交配产卵。第 2 代若虫 6 月下旬至 7 月下旬孵化，盛期为 7 月上、中旬，8 月上旬至 9 月上旬羽化，交配产卵。第 3 代若虫 8 月中旬开始孵化，8 月下旬至 9 月上旬进入盛期，9 月下旬开始羽化，交配产卵越冬。早产的卵可孵化，以若虫越冬；羽化迟者交配后不产卵即越冬。雌若虫期 35~50 天，雄若虫期 25~40 天。雌成虫交配后再经短时间取食，寻找适宜场所分泌卵囊产卵其中。单雌卵量：第 1 代、第 2 代 200~450 粒，第 3 代 70~150 粒，越冬卵多产树体缝隙中。此虫可随时活动转移为害。天敌有瓢虫和草蛉。

▲ 康氏粉蚧雌成虫之二

防治方法

1　从 9 月开始，在树干上束草把诱集成虫产卵，入冬后至发芽前取下草把烧毁消灭虫卵。

2　注意保护和引放天敌，天敌有瓢虫和草蛉等。

3　若虫期喷洒 3% 高渗苯氧威乳油 3 000 倍液、20% 速克灭乳油 1 000 倍液或 10% 吡虫啉可湿性粉剂 2 000 倍液。

广食褐软蚧 *Coccus hesperidum* Linnaeus

别　　名	褐软蚧、软蚧
分类地位	半翅目（Hemiptera）蜡蚧科（Coccida）
寄主植物	油茶、茶、米兰、含笑、白玉兰、广玉兰、夹竹桃、桂花、苏铁、樱花、常春藤、鸡蛋花等
分布地区	湖北、湖南、广东、广西、山西、陕西、四川、重庆、贵州、河南、北京、甘肃、福建、山东、浙江、上海、江苏

· 为 害 症 状 ·

若虫和雌成虫多群集在叶片正面叶脉两侧、叶柄、嫩梢上，吮吸汁液为害，严重时，枝叶上布满虫体，致使花、叶枯黄，早期脱落，而且还能诱发煤烟病，造成枝叶变黑，影响生长。

· 形 态 特 征 ·

成虫：雌成虫体长 2.5~4.5 毫米，卵形、长卵形或长椭圆形，幼时浅黄褐色、黄绿色、绿色或棕褐色，老时褐色；体扁平或背面稍有隆起，背中央有 1 条纵脊隆起，前端窄狭，后端较宽，体两侧不对称。雄成虫体长约 1 毫米，黄绿色，前翅白色、透明。

卵：长椭圆形，扁平，淡黄色。

若虫：初孵体长椭圆形，扁平，淡黄褐色，长约 1 毫米。背面中央有纵脊纹，愈长大愈明显，但至成虫期纵脊纹反而不明显或不完整。体缘有缘毛，尾端有一对较长的尾毛，外形与成虫近似。

· 生 活 习 性 ·

此虫世代因地而异，一般一年发生 2~5 代。以受精雌成虫或若虫在茎叶上越冬；第 1 代若虫在 5 月中下旬孵化；第 2 代若虫在 7 月中下旬发生；第 3 代若虫在 10 月上旬出现；若虫多寄生在茎叶基部；以 1~2 龄若虫越冬；每头雌成虫可产卵 70~1 000 粒。卵经数小时即可孵化。

▲ 广食褐软蚧雌成虫

防治方法

1 冬季植株修剪以及清园,消灭在枯枝落叶与表土中越冬的虫源。

2 在若虫孵化盛期,选用 10% 吡虫啉可湿性粉剂 2 000 倍液或
25% 高渗苯氧威可湿性粉剂 300 倍液喷雾处理,建议连用 2 次,
间隔 7~10 天。

考氏白盾蚧 *Pseudaulacaspis cockerelli*（Cooley）

别　　名	广菲盾蚧、白桑盾蚧、贝形白盾蚧、考氏齐盾蚧
分类地位	半翅目（Hemiptera）盾蚧科（Diaspididae）
寄主植物	茶科、木兰科、木犀科、楝科、棕榈科、夹竹桃科、蔷薇科、石楠科、金缕梅科等40余科多种植物
分布地区	华东、华中、华南、西南

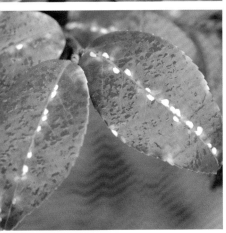

▲ 考氏白盾蚧雌成虫及其为害症状

· 为 害 症 状 ·

叶受害后，出现黄斑，严重时叶片布满白色介壳，致使叶大量脱落。枝干受害后枯萎；严重的布满白色介壳，树势减弱，甚至诱发煤烟病，严重影响植株生长、发育，降低观赏价值。

· 形 态 特 征 ·

成虫：雌介壳长2.0~4.0毫米，宽2.5~3.0毫米，梨形或卵圆形，表面光滑，雪白色，微隆；2个壳点突出于头端，黄褐色。雄介壳长1.2~1.5毫米，宽0.6~0.8毫米；长形表面粗糙，背面具一浅中脊；白色；只有1个黄褐色壳点。雌成虫体长1.1~1.4毫米，纺锤形，橄榄黄色或橙黄色，前胸及中胸常膨大，后部多狭；触角间距很近，触角瘤状，上生1根长毛；中胸至腹部第8腹节每节各有一腺刺，前气门腺10~16个；臀叶2对发达，中臀叶大，中部陷入或半突出。雄成虫体长

0.8~1.1 毫米，翅展 1.5~1.6 毫米。腹末具长的交配器。

卵：长约 0.24 毫米，长椭圆形，初产时淡黄色后变橘黄色。

若虫：初孵淡黄色，扁椭圆形，长 0.3 毫米，眼、触角、足均存在，两眼间具腺孔，分泌蜡丝覆盖身体，腹末有 2 根长尾毛。2 龄长 0.5~0.8 毫米，椭圆形，眼、触角、足及尾毛均退化，橙黄色。

蛹：长椭圆形，橙黄色。

· 生 活 习 性 ·

一年发生世代数因各地的气候不同而有差异。广东、福建、台湾等地一年可发生 6 代；云南露地一年可发生 2 代，室内一年可发生 3 代；上海等长江以南地区及北方温室内一年可发生 3 代。各代发生整齐，很少重叠。以受精和孕卵雌成虫在寄主枝条、叶上越冬。冬季也可见到卵和若虫，但越冬卵第二年春季不能孵化，越冬若虫死亡率很高。越冬受精雌成虫在翌年 3 月下旬开始产卵，4 月中旬若虫开始孵化，4 月下旬、5 月上旬为若虫孵化盛期，5 月中、下旬雄虫化蛹，6 月上旬成虫羽化；第 1 代 6 月下旬始见产卵，7 月上、中旬为若虫孵化盛期，7 月下旬雄虫化蛹，8 月上旬出现成虫；第 3 代 8 月下旬至 9 月上旬始见产卵，9 月下旬至 10 月上旬为若虫孵化盛期，10 月中旬雄成虫化蛹，10 月下旬出现成虫进入越冬期。雌成虫寿命长达一个半月左右，越冬成虫长达 6 个月左右。每雌平均产卵 50 余粒。若虫分群居型和分散型两类，群居型多分布在叶背，一般几十头至上百头群集在一起，经第 2 龄若虫、前蛹、蛹而发育为雄成虫；散居型主要在叶片中脉和侧脉附近发育为雌成虫。

防治方法

1 发生轻时用毛刷剔除虫体，特别是群体雄虫。

2 保护和利用天敌：保护小蜂、红点唇瓢虫等天敌。

3 化学防治：发生严重时，在若虫期喷施 95% 蚧螨灵乳油 400 倍液、10% 吡虫啉可湿性粉剂 2 000 倍液。

矢尖蚧 *Unaspis yanonensis*（Kuwana）

别　　名 | 矢坚蚧、箭头蚧、矢根介壳虫、箭头介壳虫、白恹

分类地位 | 半翅目（Hemiptera）粉蚧科（Pseudococcidae）

寄主植物 | 油茶、茶、金橘、大叶黄杨、百日红、瓜子黄杨、柑橘、番木瓜、枸骨、龙眼等

分布地区 | 河北、山西、陕西、江苏、浙江、福建、湖北、湖南、河南、山东、江西、广东、广西、四川、云南、安徽等

· 为 害 症 状 ·

若虫和雌成虫刺吸枝干、叶和果实的汁液，重者叶干枯卷缩，削弱树势甚至枯死。

· 形 态 特 征 ·

成虫：雌成虫体橙黄色，长2.5毫米左右。雄介壳狭长，长1.2~1.6毫米，粉白色棉絮状，背面有 3 条纵脊，1 龄蜕皮壳黄褐色于前端。雄成虫体长 0.5 毫米，

▲ 矢尖蚧雄成虫介壳

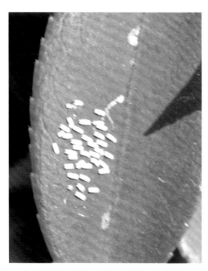

▲ 矢尖蚧雄成虫介壳及其为害症状

橙黄色，具发达的前翅，后翅特化为平衡棒。

卵：椭圆形，长 0.2 毫米，橙黄色。

若虫：1 龄草鞋形，橙黄色，触角和足发达，腹末具 1 对长毛；2 龄扁椭圆形，淡黄色，触角和足均消失。

· **生 活 习 性** ·

以受精雌虫越冬为主，少数以若虫越冬。1 龄若虫盛发期大体为：2 代于 5 月下旬前后，8 月中旬前后；3 代于 5 月中下旬，7 月中旬，9 月上中旬；3~4 代于 4 月中旬，6 月下旬至 7 月上旬，9 月上中旬，12 月上旬。成虫产卵期长，可达 40 余天，卵期短，仅 1~3 小时，若虫期夏季 30~35 天，秋季 50 余天。单雌卵量 70~100 粒，3 代最多，1 代次之。卵产于母体下，初孵若虫爬出母壳分散转移到枝、叶、果上固着寄生，仅 1~2 小时即固着刺吸汁液，体渐缩短，次日开始分泌棉絮状蜡粉，2 龄触角和足消失，于蜕皮壳下继续生长并分泌介壳，再蜕皮变为雌成虫。雄若虫 1 龄后即分泌棉絮状蜡质介壳，常喜群集于叶背寄生。

防治方法

1 加强管理，增强树势，提高树体通风透光条件。

2 冬季对植株喷洒 3~5 波美度石硫合剂，杀灭越冬蚧体。

3 初孵若虫盛期，喷施 95% 蚧螨灵乳油 400 倍液、20% 速克灭乳油 1 000 倍液或 10% 吡虫啉可湿性粉剂 2 000 倍液。

4 保护和利用天敌，如草蛉和七星瓢虫等。

茶翅蝽 *Halyomorpha halys* Stål

别　　名	褐翅椿（台湾）、臭椿象、臭板虫、臭妮子
分类地位	半翅目（Hemiptera）蝽科（Pentatomidae）
寄主植物	油茶、茶、梧桐、麻栎、石榴、刺槐、榆、桑、桃、梨、苹果、杏、李、柑橘、油菜、大豆、菜豆、向日葵等
分布地区	福建、黑龙江、吉林、辽宁、内蒙古、甘肃、河北、山西、陕西、山东、河南、江苏、安徽、湖北、浙江、江西、湖南、广东、广西、四川、云南、贵州、海南、西藏、台湾、香港

· **为害症状** ·

　　以成虫和若虫为害梨、苹果、桃、杏、李等果树及部分林木和农作物，近年来为害日趋严重。叶和梢被害后症状不明显，果实被害后被害处木栓化，变硬，发育停止而下陷。

· **形态特征** ·

　　成虫：体长 12~16 毫米，宽6~9 毫米。体茶褐色、淡黄色或黄褐色，有的个体金绿，具黑色或金绿色刻点，略现光泽。头侧叶与中叶等长或稍短。触角黑褐色，第 4、5 节两端橙黄色。前胸背板胝区周缘光滑，其后缘各有 2 个小黄斑，前侧缘稍凹，略上翘，前大半具淡黄色边，侧角钝圆，稍外伸。小盾片基缘有 5个隐现的小黄斑。前翅膜片无色，脉纹淡褐色，长过腹末。侧接缘

▲ 茶翅蝽越冬前成虫

黄黑相间。足及腹部腹面淡黄褐色。

　　卵：短圆筒形，直径 0.7 毫米左右，周缘环生短小刺毛，初

▲ 茶翅蝽成虫

产时乳白色、近孵化时变黑褐色。

若虫：分5龄，初孵若虫近圆形，体为白色，后变为黑褐色，腹部淡橙黄色，各腹节两侧节间有一长方形黑斑，共8对，老熟若虫与成虫相似，无翅。

· **生 活 习 性** ·

该虫在华北地区一年发生1~2代，以受精的雌成虫在果园中或在果园外的室内、室外的屋檐下等处越冬。翌年4月下旬至5月上旬，成虫陆续出蛰。在造成为害的越冬代成虫中，大多数为在果园中越冬的个体，少数为由果园外迁移到果园中。越冬代成虫可一直为害至6月，然后多数成虫迁出果园，到其他植物上产卵，并发生第1代若虫。在6月上旬以前所产的卵，可于8月以前羽化为第1代成虫。第1代成虫可很快产卵，并发生第2代若虫。而在6月上旬以后产的卵，只能发生1代。在8月中旬以后羽化的成虫均为越冬代成虫。越冬代成虫平均寿命为301天，最长可达349天。在果园内发生或由外面迁入果园的成虫，于8月中旬后出现在园中，为害后期的果实。10月后成虫陆续潜藏越冬。

防治方法

1 成虫越冬前和出蛰期在墙面上爬行停留时，进行人工捕杀；成虫产卵期，查找卵块摘除。

2 若虫期喷洒惠新净3 000倍液或3%氯虫苯甲酰胺乳油3 000倍液。

3 保护卵寄生蜂。

小皱蝽 *Cyclopelta parva* Distant

分类地位｜半翅目（Hemiptera）蝽科（Pentatomidae）
寄主植物｜油茶、茶、刺槐、紫穗槐、胡枝子等多种植物
分布地区｜山东、江苏、浙江、湖南、湖北、四川、福建、广东、云南

· 为 害 症 状 ·

主要以若虫群聚刺吸受害植物的枝条，为害严重时致幼树整株枯死。

· 形 态 特 征 ·

成虫：体黑褐色，无光泽。体长 12~15 毫米，卵圆形，体宽 6~10 毫米。头小，触角黑色，4节，第 2、3 节稍扁。前胸背板后半部及小盾片上，有很多横向细皱纹，故称小皱蝽。小盾片前缘中央有一红黄色小点，有时末端也有一小黄点。小盾片三角形，盖着腹部第 4 节。其基缘中央常有黄褐色或红褐色小斑，腹部背面为红褐色，两侧缘各节中央有红褐色横斑；腹面为红褐色。腿节下方有刺。雌虫生殖节腹面稍凹陷，纵裂，后缘内凹深；雄虫生殖节腹面完整，稍鼓起，后缘圆弧状。

卵：长 0.8~1.0 毫米，宽 0.8~0.9 毫米，卵上有卵盖。卵为桶形，初产时米黄色，孵化时粉红

▲ 小皱蝽成虫

色或黑褐色。

若虫：1 龄若虫体长 1.7~2.0毫米，初孵时淡红色，将近蜕皮时头和胸部变为红褐色；触角节间及复眼为暗红色；腹部呈浅红色；5 龄（末龄、老熟若虫）体长 12~14 毫米，前胸背板有 2 个半圆形、相对称的褐色花纹，小盾片三角形，边缘色深。

· 生 活 习 性 ·

一年发生 1 代，以成虫聚集在油茶树下的土表层越冬，越冬

场所杂草丛生。翌年 3 月中旬越冬成虫开始活动，常中午爬出活动，日落前回到地表，但并不取食。随着天气变暖，越冬成虫不再回到地表，多集中在萌发比较早的杂草上及油茶根际处。成虫自 9 月下旬开始下树越冬，至 11 月上旬全部进入越冬场所。

防治方法

1 为害不严重时，可通过清除油茶园内的杂草、枯枝和落叶消灭越冬成虫。

2 在兼治其他害虫时，成虫期喷洒 100 亿孢子 / 克白僵菌 500 倍液或 3% 高渗苯氧威乳油 3 000 倍液。

麻皮蝽 *Erthesina fullo*（Thunberg）

别　　名｜黄斑蝽、麻椿象、麻纹蝽
分类地位｜半翅目（Hemiptera）蝽科（Pentatomidae）
寄主植物｜油茶、苹果、枣、李、山楂、梅、桃、杏、石榴、柿、海棠、板栗、龙眼、柑橘、杨、柳、榆等
分布地区｜全国各地

· 为 害 症 状 ·

以成虫和若虫刺吸枝干、茎、叶及果实汁液，枝干出现干枯枝条；茎、叶受害出现黄褐色斑点，严重时叶片提前脱落；果实被害后，出现畸形果或猴头果，被害部位常木栓化，失去食用价值，对产量及品质有很大损失。

· 形 态 特 征 ·

成虫：体长 20.0~25.0 毫米，较宽大。体黑褐色，密布黑色刻点及细碎不规则黄斑。头部狭长，侧叶与中叶末端约等长，侧叶末端狭尖。触角 5 节，黑色，第 1 节短而粗大，第 5 节基部 1/3 为浅黄色。喙浅黄 4 节，末节黑色，达第 3 腹节后缘。头部前端至小盾片有 1 条黄色细中纵线。前胸背板前缘及前侧缘具黄色窄边。胸部腹板黄白色，密布黑色刻点。各腿节基部 2/3 浅黄色，两侧及端部黑褐色，各胫节黑色，中段具淡绿色环斑，腹部侧接缘各节

▲ 麻皮蝽成虫

中间具小黄斑，腹面黄白色，节间黑色，两侧散生黑色刻点，气门黑色，腹面中央具一纵沟，长达第5腹节。

卵：长圆形，光亮，淡绿色至深黄白色，顶部中央多数有颗粒状小突起1枚。

若虫：体扁，有白色粉末；触角4节，黑褐色，节间黄红色；侧缘具浅黄色狭边，第3~6腹节间各有黑色斑1个。

· 生活习性 ·

河北、山西一年发生1代，江西2代，均以成虫于枯枝落叶下、草丛中、树皮裂缝、梯田堰坝缝、围墙缝等处越冬。次春寄主萌芽后开始出蛰活动为害。成虫飞翔力强，喜于树体上部栖息为害，交配多在上午，长达约3小时。具假死性，受惊扰时会喷射臭液。早晚低温时常假死坠地，正午高温时则逃飞。有弱趋光性和群集性，初龄若虫常群集叶背，2~3龄才分散活动，卵多成块产于叶背，每块约12粒。

防治方法

1 成虫期，特别是秋天寻找越冬场所时期，人工捕杀飞入室内寻找越冬场所的成虫。

2 成虫期、若虫期向树冠喷洒25%阿克泰水分散颗粒剂5 000倍液。

岱蝽 *Dalpada oculata*（Fabricius）

分类地位 | 半翅目（Hemiptera）蝽科（Pentatomidae）岱蝽属（*Dalpada*）
寄主植物 | 油茶、荔枝、龙眼等
分布地区 | 湖南、陕西、江苏、浙江、四川、广东、海南、广西、贵州、云南

· 为害症状 ·

成虫、若虫刺吸幼芽、嫩梢的汁液，影响正常生长，严重的使新梢枯萎。在花柄及幼果柄刺吸汁液引起落花、落果。在受惊时会排出臭液，沾及嫩叶、花穗和幼果，会造成焦褐色灼伤斑，其为害造成的伤口有利于霜霉病菌的侵入致使发生霜霉病，严重为害可导致产量下降甚至失收。

· 形态特征 ·

成虫：体长 14~17 毫米，宽 8 毫米，黄褐色，有由密集的黑色刻点组成的不规则黑斑；头侧叶与中侧叶等长；前胸背板隐约具 4~5 条粗黑纵带，前侧缘粗锯齿状；小盾片基角黄斑圆而大，末端黄色；胫节两端黑色，中段黄色。

· 生活习性 ·

不详。

▲ 岱蝽成虫

防治方法

防治方法同茶翅蝽。

珀蝽 *Plautia fimbriata*（Fabricius）

别　　名 | 朱绿蝽、克罗蝽

分类地位 | 半翅目（Hemiptera）蝽科（Pentatomidae）

寄主植物 | 油茶、茶、栎、柿、桃、梨、杏、柑橘、李、泡桐、马尾松、枫杨、盐肤木等

分布地区 | 北京、江苏、福建、河南、广西、广东、四川、贵州、云南、西藏

· **为害症状** ·

成虫、若虫吸食植物汁液。

· **形态特征** ·

成虫：体长 8.0~11.5 毫米，宽 5.0~6.5 毫米。长卵圆形，具光泽，密被黑色或与体同色的细刻点。头鲜绿，触角第 2 节绿色，第 3、4、5 节绿黄色，末端黑色；复眼棕黑色，单眼棕红色。前胸背板鲜绿色。两侧角圆而稍凸起，红褐色，后侧缘红褐色。小盾片鲜绿色，末端色淡。前翅革片暗红色，刻点粗黑，并常组成不规则的斑。腹部侧缘后角黑色，腹面淡绿色，胸部及腹部腹面中央淡黄，中胸片上有小脊，足鲜绿色。

▲ 珀蝽成虫

卵：长 0.94~0.98 毫米，宽 0.72~0.75 毫米。圆筒形，初产时灰黄色，渐变为暗灰黄色。假卵盖周缘具精孔突 32 枚，卵壳光滑，网状。

若虫：体卵圆形，黑色。

· **生活习性** ·

一年 2~3 代，以成虫在枯草丛、林木茂盛处越冬；卵成块产于叶背，双行或不规则紧凑排列；成虫趋光性强。

防治方法

1 成虫期可利用黑光灯诱杀。

2 清除林地内杂草和枯枝，消灭部分越冬成虫。

3 成虫期、若虫期喷洒 20% 康福多浓可溶剂 3 000 倍液。

刺吸类害虫

二、主要虫害 / 079

油茶宽盾蝽 *Poecilocoris latus* Dallas

别　　名｜油茶蝽
分类地位｜半翅目（Hemiptera）蝽科（Pentatomidae）
寄主植物｜油茶、茶
分布地区｜广东、广西、云南、贵州、江西、浙江、福建、香港

· **为害症状** ·

　　若虫在茶果上吸食汁液，影响果实发育，减低产量和出油率，还由于吸食诱发油茶炭疽病，会引起落果。

· **形态特征** ·

　　成虫：体宽椭圆形，雌虫体长 18~22 毫米，宽 11~14 毫米；雄虫体长 17~19 毫米，宽 10~12 毫米。身体为茶色、橙黄色或黄褐色，具金属光泽；头蓝黑色；复眼椭圆形，蓝黑色；触角蓝黑色，梗节铜绿色；口器蓝黑色，长达腹部中央。前胸背板有 4 块黑斑，后方 1 对较大。小盾片具 7~8 块黑斑，基部中央或为 1 块大横斑，或分为两块，这些黑斑的边缘常围以橙红色边。足铜绿色，腿节基部多为黄色，胫节外侧有沟。

　　卵：近圆形，宽 1.8~2.0 毫米；黄绿色，卵粒紧密排列成块。

　　若虫：末龄若虫体长 15~18 毫米，宽 13~15 毫米。体红色或红黄色。头部和胸部背板铜绿色。腹背有 1 个"二"字形黑纹。翅芽明显突出。

· **生活习性** ·

　　在广东、广西一年发生 1 代，以 5 龄若虫越冬。越冬若虫在翌年 4 月上旬开始活动；越冬多在生长浓密的油茶叶背或林下杂草中，单独或几个蛰伏一起。成虫不群集，喜于白天单独活动；略有假死性；不善飞翔，不活动时栖息于叶背，不固定取食，在一个果实上取食一次后，迁至另一果实上取食。其转移取食可传播果实的侵染性病害。

　　若虫有群集性。1~3 龄若虫没有假死性，4~5 龄若虫略有假死性。若虫孵出后，成群静伏在卵块旁，不食不动。进入 2 龄后，才成群转移到附近的嫩油茶果上吸食为害。各龄若虫蜕皮均在白天，在较荫蔽的叶背进行。

1~4 龄若虫每龄仅群集为害一个果实，5 龄若虫取食多单独活动，5~7 天为害一个果实。10 月是 5 龄若虫为害成熟油茶果实盛期，一次取食达数小时之久；3~5 天后转移到另一果上吸食，体色由红变红黄。

▲ 油茶宽盾蝽成虫

▲ 油茶宽盾蝽若虫

防治方法

1　清除林间杂草，消除越冬若虫。

2　若虫严重发生期喷洒 48% 乐斯本乳油 3 500 倍液或 3% 高渗苯氧威乳油 3 000 倍液。

桑宽盾蝽 *Poecilocoris druraei*（Linnaeus）

分类地位｜半翅目（Hemiptera）蝽科（Pentatomidae）
寄主植物｜油茶、桑
分布地区｜四川、贵州、台湾、广东、广西、云南

· **为害症状** ·

　　若虫在茶果上和叶片上吸食汁液，影响果实发育，减低产量和出油率，还由于吸食诱发油茶炭疽病，会引起落果。

· **形态特征** ·

　　成虫：体长 15~18 毫米，宽 9.5~11.5 毫米；宽椭圆形，黄褐或红褐色，头黑。前胸背板有 2 个大黑斑，有些个体无；前侧缘微拱，边缘稍翘，侧角圆钝。小盾片有 13 个黑斑，有些个体黑斑互相连结或全无。前翅革质部基部同体色，并具黑色刻点，膜片色淡，脉纹淡烟灰色。侧接缘蓝黑色，上具黑色刻点。足黑色。腹部腹面同体色，第 2 个可见腹节，第 3~5 个可见腹节两侧斑点，第 5 个可见腹节端大半横斑，均为蓝黑色。

防治方法

　　防治方法同油茶宽盾蝽。

· **生活习性** ·

　　若虫常聚集在寄主植物叶片上吸食汁液。

▲ 桑宽盾蝽成虫

尼泊尔宽盾蝽 *Poecilocoris nepalensis*（Herrich & Schaeffer）

分类地位 | 半翅目（Hemiptera）蝽科（Pentatomidae）
寄主植物 | 油茶、朴树
分布地区 | 广东、贵州、云南

· 为害症状 ·

若虫在茶果上吸食汁液，影响果实发育，减低产量和出油率，还由于吸食诱发油茶炭疽病，会引起落果。

· 形态特征 ·

成虫：体长 16.0~21.0 毫米，宽 9.5~12.0 毫米。橙红色至红褐色，具金属闪光。头蓝黑色，中叶长于侧叶，触角蓝黑色。前胸背板前缘区具蓝黑色宽阔的横带，后部有 2 个黑色大圆斑；前侧缘几平直，边缘稍翘，光滑。小盾片有 11 个大小不等的黑斑，由基部至端部排列成 3、2、4、2 个，其中以第 3 排中央 2 个最大，第 4 排 2 个最小或消失。前翅革质部基部外露，蓝黑色。足蓝黑色。

· 生活习性 ·

不详。

▲ 尼泊尔宽盾蝽成虫

防治方法

防治方法同油茶宽盾蝽。

丽盾蝽 *Chrysocoris grandis*（Thunberg）

分类地位｜半翅目（Hemiptera）蝽科（Pentatomidae）
寄主植物｜油茶、油桐、苦楝、红木、云南松、思茅松、柑橘、梨、板栗和倒吊笔等
分布地区｜福建、江西、广东、广西、贵州、云南、台湾

· **为害症状** ·

以若虫、成虫刺食叶、花、果实和枝梢，叶片和果实受害处出现褐色斑点。受害果实小，果仁瘦，严重时果实脱落或出油率降低。

· **形态特征** ·

成虫：体长17~25毫米，宽8~13毫米。身体椭圆形，通常呈黄色至黄褐色，并密布黑色小刻点；头近三角形，基部与基叶黑色；中叶长于侧叶；触角黑色，第2节短；喙黑色，伸至腹部中央。前胸背板有黑斑1块，小盾片基缘黑色，前半中央有1块黑斑，两侧各有1块黑斑。雌虫前胸背板前部中央的黑斑与头基部的黑斑分隔开，而雄性则两斑相接。

· **生活习性** ·

一年发生1代，广东以成虫在密蔽的树叶背面越冬较集中，翌年3至4月开始活动，多分散为害，进入4—6月为害较重。

（防治方法）

防治方法同油茶宽盾蝽。

▲ 丽盾蝽成虫

小长蝽 *Nysius ericae*（Schilling）

分类地位 | 半翅目（Hemiptera）蝽科（Pentatomidae）
寄主植物 | 油茶、桑、松、菊花等
分布地区 | 华北、华东、华中、华南

· 为害症状 ·

若虫以刺吸式口器吸食寄主植物养分和水分，造成叶片生长不良，不易展叶，以致枯萎脱落。

· 形态特征 ·

成虫：体长 4~5 毫米；体较小，色较淡而少毛；头淡褐色，头背面中央具"×"形黑纹；前胸背板污黄褐色，具较大刻点；后胸侧板内黄褐色纵带与黑色纵带相间；小盾片铜黑色，两侧有时各具一大黑斑，革片于翅脉外无褐色斑；足淡黄褐色，股节具黑色斑。

卵：长椭圆形，白色至黄棕色，壳上有纵脊 6 条。

若虫：老龄若虫体灰褐色或黄绿色，胸、翅芽有黑色毛疣。

· 生活习性 ·

一年发生数代，群集于寄主植物表面，为害寄主植物，以成虫和高龄若虫在石块、杂草和枯枝落叶下越冬。成虫十分活跃，善飞翔，6 月、7 月和 8 月产卵于叶背，散产，卵期约 12 天。

▲ 小长蝽成虫

防治方法

1 清除林间杂草，消灭越冬成虫。

2 保护瓢虫、草蛉等天敌。

3 为害严重时喷洒 1% 印楝素水剂 7 000 倍液。

稻棘缘蝽 *Cletus punctiger*（Dallas）

别　　名｜稻针缘蝽、黑棘缘蝽
分类地位｜半翅目（Hemiptera）缘蝽科（Coreidae）
寄主植物｜油茶、桑、苹果及禾本科植物
分布地区｜上海、江苏、浙江、安徽、河南、福建、江西、湖南、湖北、广东、云南、贵州、西藏

· 为害症状 ·

成虫、若虫主要为害植物嫩叶，以口针刺吸汁液，刺吸部位形成针尖大小褐点。

· 形态特征 ·

成虫：体长 9.5~11 毫米，宽 2.8~3.5 毫米，体黄褐色，狭长，刻点密布。头顶中央具短纵沟，头顶及前胸背板前缘具黑色小粒点，触角第 1 节较粗，长于第 3 节，第 4 节纺锤形。复眼褐红色，单眼红色。前胸背板多为黑色，侧角细长，稍向上翘，末端黑。

卵：长 1.5 毫米，似杏核，全体具光泽，表面生有细密的六角形网纹，卵底中央具一圆形浅凹。

若虫：共 5 龄，3 龄前长椭圆形，4 龄后长梭形，5 龄体长 8~9.1 毫米，宽 3.1~3.4 毫米，黄褐色带绿色，腹部具红色毛点，前胸背板侧角明显生出，前翅芽伸达第 4 腹节前缘。

· 生活习性 ·

广东、云南、广西南部无越冬现象。羽化后的成虫 7 天后在上午 10：00 前交配，交配后 4~5 天把卵产在寄主的茎、叶或穗上，多散生在叶面上，也有 2~7 粒排成纵列。

▲ 稻棘缘蝽成虫

防治方法

1 结合秋季清洁田园，清除田间杂草，集中处理。

2 在低龄若虫期喷 48% 乐斯本乳油 3 500 倍液或 25% 除尽悬浮剂 1 000 倍液。

长肩棘缘蝽 *Cletus trigonus*（Thunberg）

别　　名｜长肩刺缘蝽
分类地位｜半翅目（Hemiptera）缘蝽科（Coreidae）
寄主植物｜油茶、茶等
分布地区｜长江流域及江苏、河南、云南、贵州、广东

· 为害症状 ·

成虫、若虫刺吸植物汁液或为害植物浆果。

· 形态特征 ·

成虫：体长 7.5~8.8 毫米，宽 4~5 毫米；触角第 1~3 节深褐色，等长，第 4 节黑褐色，末端红褐色。前胸背板前半部色浅，侧角呈细刺状向两侧伸出，不向上翘，黑色，革片内角翅室的白斑清晰。小盾片刻点粗，前足、中足基节各具 2 个小黑点，后足基节 1 个，体下色浅，腹部有 4 个黑点，中间 2 个小或不明显。

卵：近菱形，初乳白色，后渐变黄，半透明。

若虫：末龄若虫黄褐色，腹部背面有小黑纹，前胸背板侧角向后偏外延伸成针状，翅芽达第 3 腹节后缘。

· 生活习性 ·

长江流域一年发生 2~3 代，以成虫在枯枝落叶或枯草丛中越冬，翌年 3—4 月开始产卵，卵多产在叶、穗或茎上。

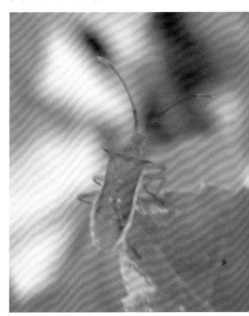

▲ 长肩棘缘蝽成虫

防治方法

防治方法同稻棘缘蝽。

中稻缘蝽 *Leptocorisa chinensis* Dallas

分类地位 | 半翅目（Hemiptera）缘蝽科（Coreidae）

寄主植物 | 油茶等

分布地区 | 天津、江苏、安徽、浙江、江西、湖北、福建、广东、广西、云南、重庆

· **为害症状** ·

成虫、若虫主要为害植物嫩叶，以口针刺吸汁液，刺吸部位形成针尖大小褐色点。

· **形态特征** ·

成虫：体长 17~18 毫米，腹部宽 2.5~2.7 毫米。体深草黄色。触角第 1 节末端及外侧黑色，第 1 节较短，与第 2 节长度之比小于 3 : 2，第 4 节短于头及前胸背板之和。后足胫节最基部及顶端黑色。雄虫抱器顶端粗钝。

卵：黄褐色至棕褐色，长 1.2 毫米，宽 0.9 毫米，顶面看椭圆形，侧面看面平底圆，表面光滑。

若虫：若虫共 5 龄。

· **生活习性** ·

广东一年发生 4~5 代，成虫、若虫喜在白天活动，中午栖息在阴凉处，羽化后 10 天多在白天交尾，2~3 天后把卵产在叶面，昼夜都产卵，每块 5~14 粒排成单行，有时双行或散生，产卵持续 11~19 天，卵期 8 天，每雌产卵 76~300 粒。

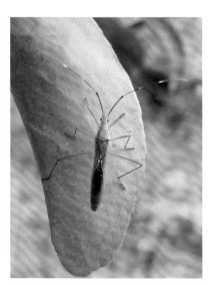

▲ 中稻缘蝽成虫

防治方法

防治方法同稻棘缘蝽。

斑背安缘蝽 *Anoplocnemis binotata* Distant

分类地位｜半翅目（Hemiptera）缘蝽科（Coreidae）
寄主植物｜油茶、刺槐等
分布地区｜山东、河南、安徽、江苏、浙江、四川、贵州、云南、福建、江西、西藏、广东

· **为害症状** ·

　　成虫、若虫吸食叶片及嫩枝、茎端汁液，致叶片变黑，嫩芽枯萎。

· **形态特征** ·

　　成虫：体长 20~24 毫米，两侧角间宽 8 毫米，黑褐色至黑色，被白色短毛。触角基部 3 节黑色，第 4 节基半部赭红色，端半部红褐色，最末端赭色。复眼黑褐色。头小，头顶前端具一短纵凹。喙长达中足前缘。前胸背板中央具纵纹；侧缘平直，侧角钝圆。小盾片有横皱纹。前翅革片棕褐色，膜片烟褐色。体腹板赭褐色或黑褐色。雌虫第 3 腹板中部向后弯。

· **生活习性** ·

　　一年发生 3 代，以成虫在枯草丛中、树洞和屋檐下等处越冬。

▲ 斑背安缘蝽成虫

越冬成虫 3 月下旬开始活动，4 月下旬至 6 月上旬产卵，5 月下旬至 6 月下旬陆续死亡。成虫和若虫白天极为活泼，早晨和傍晚稍迟钝，阳光强烈时多栖息于寄主叶背。初孵若虫在卵壳上停息半天后，即开始取食。成虫交尾多在上午进行，卵多产于叶柄和叶背，少数产在叶面和嫩茎上，散生，偶聚产成行。每雌每次产卵 5~14 粒，多为 7 粒，一生可产卵 14~35 粒。

防治方法

1 秋季清除林间杂草，消除越冬成虫。

2 若虫发生严重时喷洒 25% 阿克泰水分散粒剂 5 000 倍液。

凸腹佀缘蝽 *Pseudomictis brevicornis* Hsiao

分类地位 | 半翅目（Hemiptera）缘蝽科（Coreidae）
寄主植物 | 油茶等
分布地区 | 广东、福建、云南、青海

· **为害症状** ·

成虫、若虫吸食叶片及嫩枝、茎端汁液，致叶片变黑，嫩芽枯萎。

· **形态特征** ·

成虫：体长22~24毫米，深栗色，头前方、前胸背板前缘、触角基部3节及喙的顶端黑色；触角第4节及各足跗节色浅。喙不达中胸腹板中央。后足两基节之间的距离较宽，雄虫后足股节腹面有1列疣状小齿，近顶端处有1个大齿；后足胫节背面扩展，在基部处最窄，中央及端部较宽，顶端有1个小突起，腹面近顶端1/3处有一巨齿，顶端有一小突起，腹部背面红色，侧接缘各节间有1个浅色小点。

· **生活习性** ·

不详。

▲ 凸腹佀缘蝽成虫

（防治方法）

防治方法同斑背安缘蝽。

纹须同缘蝽 *Homoeocerus striicornis* Scott

分类地位 | 半翅目（Hemiptera）缘蝽科（Coreidae）
寄主植物 | 油茶、柑橘、合欢、羊蹄甲及豆科等植物
分布地区 | 河北、北京、甘肃、浙江、江西、湖北、四川、台湾、广东、海南、云南

▲ 纹须同缘蝽成虫

· **为害症状** ·

成虫、若虫吸食叶片及嫩枝、茎端汁液，致叶片变黑，嫩芽枯萎。

· **形态特征** ·

成虫：体长18~21毫米，宽5~6毫米；身体草绿色或黄褐红色，头顶中央稍前处有一短纵陷纹；触角红褐色，第1、2节约等长，并长于前胸背板；复眼黑色，单眼红色，喙共4节，伸长可达中足基节前，第3节明显短于第4节；前胸背板较长，有浅色斑，侧缘黑色，黑缘内有淡红色纵纹；侧角呈锐角，上有黑色颗粒。

· **生活习性** ·

不详。

防治方法

防治方法同中稻缘蝽。

茶网蝽 *Stephanitis chinensis* Drake

别　　名	茶军配虫、白纱娘等
分类地位	半翅目（Hemiptera）网蝽科（Sphaerista）
寄主植物	茶、油茶
分布地区	广东、贵州、四川、云南

· 为害症状 ·

以成虫、若虫群集于叶背刺吸汁液，致受害叶出现许多密集的白色细小斑点，远看油茶树一片灰白色。叶背现黑色黏液状排泄物，影响光合作用。严重时致叶片脱落，树势衰弱。

· 形态特征 ·

成虫：体长 3~4 毫米，体小扁平，暗褐色，前胸具网状花纹。背板发达，向前突出将头部覆盖，向后延伸盖住小盾片，两侧伸出呈薄圆片状的侧背片。翅长椭圆形，膜质透明，满布网状花纹；前翅有一纵粗脉，中间具 2 条暗色斜斑纹。

卵：长椭圆形，乳白色，一端稍弯，上覆黑色带有光泽的胶状物。

若虫：体形似成虫，无翅，体色随虫龄增长而异。若虫共 5 龄。5 龄若虫体长约 2 毫米，体黑色，复眼红色、发达，翅芽明显，头顶有笋状物 3 根成等腰三

▲ 茶网蝽成虫

▲ 茶网蝽若虫

角形排列，胸部中央有一黑点，腹部背面第 7、8、10 节各有一突起物，边缘暗白色，体节两侧有 8 对刺状突起。

刺吸类害虫

· 生 活 习 性 ·

贵州、四川一年发生 2 代，以卵在油茶下部叶片背面中脉及两侧组织内越冬，低山油茶园也有以成虫越冬的。越冬卵于翌年 4 月上中旬至 5 月上旬孵化。越冬代若虫发生盛期在 5 月上、中旬，5 月中旬至 7 月中旬进入成虫发生期，5 月中、下旬进入发生盛期。第 2 代卵期在 5 月下旬至 9 月下旬，7 月下旬至 10 月下旬进入若虫期，8 月中旬进入若虫盛发期。8 月中旬至 12 月成虫开始出现，9 月中旬至 10 月上旬为成虫发盛期。贵州各代发生期常较四川提早 10~20 天。全年以第 1 代发生整齐且集中，发生初期、盛期、末期明显，且虫口密度大，常为第 2 代的 3~4 倍，为害严重。

成虫初羽化时，全身均为白色，两小时后翅上显露花纹，腹部颜色加深，后随时间增长，翅上的黑纹和腹部颜色逐渐加深。初羽化的成虫生活力弱，成虫不善飞翔，多静伏于叶背或爬行于枝叶间。成虫喜把卵产在油茶树冠中、下部叶背中脉两侧组织内，排列成行，后覆以黑色胶质物。初孵若虫从卵壳内爬出，先在油茶树冠中、下部叶背刺吸汁液，后向上部扩散。若虫有群集性，常成群集于叶背主、侧脉附近，排列整齐，随虫龄增大而分散。

防治方法

1 为害严重的油茶园在早春进行重修剪，消灭越冬卵，剪下的枝叶集中处理。

2 保护利用天敌，如军配盲蝽等。

3 一代低龄若虫发生盛期是防治该虫的关键时期。因为一代若虫发生较整齐，群集性强，抗药力弱，故防治效果较高。药剂可选用 10% 吡虫啉可湿性粉剂 2 000 倍液或惠新净 3 000 倍液，喷药要求均匀周到，使叶片背面都能蘸上药液，隔 15 天左右再喷药一次效果更好，对控制全年虫口作用大。

茶黄蓟马 *Scirtothrips dosalis* Hood

别　　名｜茶叶蓟马、茶黄硬蓟马
分类地位｜缨翅目（Thysanoptera）蓟马科（Thripidae）
寄主植物｜油茶、茶、山茶、刺梨、芒果、台湾相思、葡萄、草莓等
分布地区｜湖南、湖北、四川、云南、贵州、广东、广西

· **为 害 症 状** ·

　　以成虫、若虫为害新梢及芽叶，受害叶片在主脉两侧有两条至多条纵列红褐色条痕，严重时，叶背呈现一片褐纹，叶正面失去光泽；后期芽梢出现萎缩，叶片向内纵卷，僵硬变脆；也可为害叶柄、嫩茎和老叶，严重影响植株生长。

· **形 态 特 征** ·

　　成虫：体长约1毫米，黄色；翅狭长，灰色透明，翅缘多细毛；单眼成三角形排列，鲜红色，复眼灰黑色，稍突出；触角8节，约为头长的3倍；前胸宽为长的

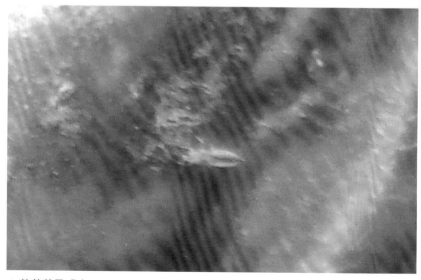

▲ 茶黄蓟马成虫

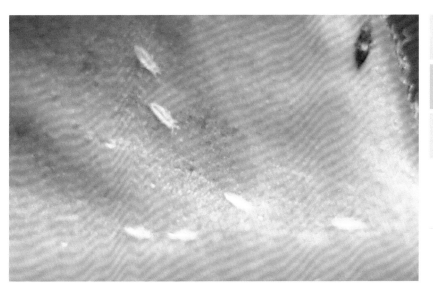

▲ 茶黄蓟马若虫

1.5 倍，后缘角有粗短刺 1 对。

卵：淡黄色，肾形。

若虫：初孵时为乳白色，后变为淡黄色，体长不到 1 毫米，似成虫，无翅。

· 生 活 习 性 ·

全年发生代数不详。在广东、云南多以成虫在花中越冬。气温升高时，10 余天即可完成 1 代。在阴凉天气成虫在叶面活动，中午阳光直射时，多栖息在花丝间或嫩芽叶内，行动活泼，能迅速弹跳，受惊后作短距离飞翔。卵产在嫩叶背面侧脉或叶肉内，孵化后，多喜潜伏在嫩叶背面锉吸汁液为害。在广东上半年少见，每年从 7 月至翌春 2 月均有所发现；下半年雨季过后，虫口增多，旱季为害最重，9—10 月呈现虫口高峰。

防治方法

1 清除枯枝杂草。

2 发生初期喷洒 10% 吡虫啉可湿性粉剂 2 000 倍液或 1.2% 苦·烟乳油 1 000 倍液。

花蓟马 *Frankliniella intonsa*（Trybom）

分类地位 | 缨翅目（Thysanoptera）蓟马科（Thripidae）
寄主植物 | 油茶及菊科、豆科、锦葵科、毛茛科、唇形科、堇菜科等多种植物
分布地区 | 全国各地

· 为害症状 ·

成虫、若虫多群集于花内取食为害，花器、花瓣受害后成白化，经日晒后变为黑褐色，为害严重的花朵萎蔫。叶受害后呈现银白色条斑，严重的枯焦萎缩。

· 形态特征 ·

成虫：雌成虫体长约1.3毫米，褐色带紫；头胸部黄褐色，触角8节，粗壮，都短于前胸，后胸背面皱纹粗；翅2对，前翅宽短。雄成虫体乳白色至黄白色，体小于雌性。

卵：肾形，长约0.3毫米，一端较方且有卵帽。

若虫：2龄体长约1毫米，橘黄色，足及第9~10腹节多带灰色，触角7节，并折向头、胸部背面；前胸腹面，中、后胸及第1~8腹节背、腹面体表各节有微颗粒数排。

· 生活习性 ·

在南方一年发生11~14代，在华北、西北地区一年发生6~8代。在20℃恒温条件下完成1代需20~25天。以成虫在枯枝落叶层、土壤表皮层中越冬。翌年4月中、下旬出现第1代。10月下旬、11月上旬进入越冬代。10月中旬成虫数量明显减少。该蓟马世代重叠严重。成虫寿命春季为35天左右，夏季为20~28天，秋季为40~73天。雄成虫寿命较雌成虫短。雌、雄比为1：（0.3~0.5）。成虫羽化后2~3天开始交配产卵，全天均进行。卵单产于花组织表皮下，每雌可产卵77~248粒，产卵历期长达20~50天。每年6—7月、8月至9月下旬是该蓟马的为害高峰期。

▲ 花蓟马成虫

1　早春清除和烧毁残枝败叶，也可向土中浇灌 10% 吡虫啉可湿性粉剂 1 000 倍液，消灭越冬成虫。

2　在越冬代产卵前或 5—6 月和 8—9 月向花器喷洒爱福丁、氯虫苯甲酰胺等内吸性、触杀性药剂。

食叶类害虫

棉蝗 *Chondracris rosea*（De Geer）

别　　名	大青蝗、蹬倒山
分类地位	直翅目（Orthoptera）蝗科（Acrididae）
寄主植物	油茶、竹、甘蔗、樟树、椰子、木麻黄等
分布地区	全国各地

· 为害症状 ·

以成虫、跳蝻取食寄主叶片，为害严重时，可将叶片吃光或仅留叶柄或主脉，影响生长和观赏。

· 形态特征 ·

成虫：雄体长 45~51 毫米，雌 60~80 毫米，雄前翅长 12~13 毫米，雌 16~21 毫米，体黄绿色，后翅基处玫瑰色。头顶中部、前胸背板沿中缝线及前翅臀脉域生黄色纵条纹。后足股节内侧黄色，胫节、跗节红色。头大，较前胸背板长度略短。触角丝状，向后到达后足股节基部。前胸背板有粗瘤突，中隆线呈弧形拱起，有3条明显横沟切断中隆线。前胸背板前缘呈角状凸出，后缘直角形凸出。中后胸侧板生粗瘤突。前胸腹板突为长圆锥形，向后极弯曲，顶端几达中胸腹板。前翅发达，长达后足胫节中部，后翅与前翅近等长。后足胫节上侧的上隆线有细齿，但无外端刺。

· 生活习性 ·

以卵在土中越冬。翌年越冬卵于5月下旬孵化，6月上旬进入盛期，7月中旬为成虫羽化盛期，9月后成虫开始产卵越冬。

▲ 越冬后翌年春留在枝条上的棉蝗

防治方法

1 保护利用麻雀、青蛙、大寄生蝇等天敌进行生物防治。

2 人工捕杀。

3 发生严重时喷洒 20% 菊杀乳油 2 000 倍液。

疣蝗 *Trilophidia annulata*（Thunbery）

分类地位 | 直翅目（Orthoptera）蝗科（Acrididae）
寄主植物 | 油茶等
分布地区 | 广东、台湾等地

· **为 害 症 状** ·

以成虫、跳蝻取食寄主叶片，为害严重时，可将叶片吃光或仅留叶柄或主脉，影响生长和观赏。

· **形 态 特 征** ·

成虫：体长 25~30 毫米，体灰褐色或褐色；体上有许多颗粒状突起；前翅长，翅端超过腹部；后足股节粗短，有 3 个暗色横斑；后足胫节有 2 个较宽的淡色环纹。

· **生 活 习 性** ·

不详。

▲ 疣蝗成虫

防治方法

1 保护和利用天敌：疣蝗的天敌很多，有线虫、螳螂、寄生蝇等。

2 化学防治：在测报基础上，抓住初孵蝗蝻在田埂、渠堰集中为害双子叶杂草，且扩散能力极弱时，喷洒 20% 菊杀乳油 2 000 倍液。

短角异斑腿蝗 *Xenocatantops brachycerus*（Willemse）

别　　名｜短角外斑腿蝗
分类地位｜直翅目（Orthoptera）蝗科（Acrididae）
寄主植物｜油茶等
分布地区｜河北、陕西、山西、山东、江苏、浙江、湖北、湖南、江西、福建、台湾、广东、广西、四川、贵州

· 为 害 症 状 ·

以成虫、跳蝻取食寄主叶片，为害严重时，可将叶片吃光或仅留叶柄或主脉，影响生长和观赏。

· 形 态 特 征 ·

成虫：体长 17~28 毫米，体黄褐色或暗褐色，触角短，丝状，前胸背板具细颗点，中部略收缩，前胸背板后缘侧面有 1 条黄白色斜纹，后脚腿节有 2 条黄白色平行的宽型斜斑，腿节及胫节侧缘橙红色。

· 生 活 习 性 ·

本种普遍分布于平地至低海拔山区，常见于草丛活动，体色会随环境改变，但后脚腿节的黑色斑纹一般是稳定的。

▲ 短角异斑腿蝗成虫

防治方法

防治方法同疣蝗。

台湾小稻蝗 *Oxya podisma* Shiraki

分类地位｜直翅目（Orthoptera）蝗科（Acrididae）
寄主植物｜油茶
分布地区｜广东、台湾

· **为 害 症 状** ·

成虫、若虫吸食寄主植物汁液。

· **形 态 特 征** ·

成虫：雄虫体长 35~40 毫米，雌虫体型稍大。体色黄绿色至淡褐色。最大特征是上翅较短，大约仅达腹部一半。

若虫：终龄若虫胸背有两条黑褐色的纵线。

· **生 活 习 性** ·

不详。

▲ 台湾小稻蝗成虫

防治方法

防治方法同疣蝗。

短额负蝗 *Atractomorpha sinensis* Bolivar

别　　名｜中华负蝗、尖头蚱蜢、小尖头蚱蜢
分类地位｜直翅目（Orthoptera）锥头蝗科（Pyrgomorphidae）
寄主植物｜油茶、泡桐、柑橘、樟树等
分布地区｜全国各地

· **为 害 症 状** ·

以成虫、若虫食叶，影响植株生长。

· **形 态 特 征** ·

成虫：体长约30毫米，瘦长，浅绿色或褐色；头部向前突出；前翅绿色，后翅基部红色，后足发达为跳跃足。

卵：乳白色，椭圆形。

若虫：体型似成虫，无翅，只有翅芽。

· **生 活 习 性** ·

以卵在沟边土中越冬；5月下旬至6月中旬为孵化盛期，7—8月羽化为成虫。喜栖于地被多、湿度大、双子叶植物茂密的环境，在灌渠两侧发生多。雄成虫在雌成虫的背上交尾，故称"负蝗"。

▲ 短额负蝗成虫

防治方法

1 少量发生时，可在早晨人工捕杀。

2 发生严重时喷洒20%菊杀乳油2 000倍液防治。

华绿螽 *Sinochlora* sp.

分类地位│直翅目（Orthoptera）绿螽科（Phaneropteridae）
寄主植物│油茶等
分布地区│广东、江西

· 为 害 症 状 ·

　　以成虫、若虫食叶，影响植株生长。

· 形 态 特 征 ·

　　成虫：体大型，头胸部狭小，前翅基部具一斜向的淡色条纹。

· 生 活 习 性 ·

　　栖息于林地环境。

▲ 华绿螽成虫

（防治方法）

防治方法同短额负蝗。

毛角豆芫菁 *Epicauta hirticornis* Haag-Rutenberg

别　　名 | 豆芫菁
分类地位 | 鞘翅目（Coleoptera）芫菁科（Meloidae）
寄主植物 | 油茶、蕨类、龙葵等植物
分布地区 | 全国各地

· **为 害 症 状** ·

成虫咬食叶片为害。

· **形 态 特 征** ·

成虫：体长 11.5~21.5 毫米；身体和足完全黑色，头红色，鞘翅乌暗、无光泽；腿节和胫节上面具有灰白色毛，鞘翅外缘和端缘有时也镶有很窄的灰白毛。头略呈方形，后角圆；在复眼内侧触角的基部每边有 1 个红色、稍凸起、光滑的"瘤"。

· **生 活 习 性** ·

在东北、华北一年发生 1 代，在长江流域及长江流域以南各省区每年发生 2 代；以 5 龄幼虫（假蛹）在土中越冬。成虫白天活动，在叶枝上群集为害，活泼善爬；

成虫受惊时迅速散开或坠落地面，且能从腿节末端分泌含有芫菁素的黄色液体，如触及人体皮肤，能引起红肿发泡。成虫产卵于土中约 5 厘米处，每穴 70~150 粒卵。

▲ 毛角豆芫菁成虫

防治方法

1 人工捕杀成虫。

2 发生严重地区，成虫期可喷洒 25% 高渗苯氧威可湿性粉剂 300 倍液。

褐足角胸叶甲 *Basilepta fulvipes*（Motschulsky）

分类地位｜鞘翅目（Coleoptera）肖叶甲科（Eumolpidae）

寄主植物｜油茶、紫薇、千屈菜、樱桃、梨、苹果、梅、李、枫杨、香蕉等，在北方，成虫还为害大豆、谷子、玉米、高粱、大麻、甘草、蓟等

分布地区｜全国各地

· **为害症状** ·

成虫为害油茶嫩叶、嫩芽。

· **形态特征** ·

成虫体长 4.5~5 毫米，小型，卵形或近于方形。体色变异极大，大致可分为 6 种色型：①标准型：体背铜绿色，上唇、足和触角褐黄，小盾片黑红色；②铜绿鞘型：头、前胸、小盾片和足红色或褐红色，触角淡黄色，鞘翅铜绿色或绿色；③蓝绿型：头和前胸背板蓝绿色，鞘翅和小盾片蓝紫色，足和触角的端部 6 或 7 节黑红色；④黑红胸型：头和前胸黑红色，稍具金属光泽，鞘翅金属绿色或铜色，足褐色，很少深褐色；⑤红棕型：身体呈棕红色、棕黄色或棕色，触角端节或多或少深褐色或黑褐色；⑥黑足型：触角和足黑色。

· **生活习性** ·

褐足角胸叶甲在广东省全年均有发生，在 4—5 月、7—8 月和 10 月有 3 个为害高峰期。成虫可以单个或群集为害，有时在油茶一片叶上，可见数十只成虫。成虫能飞善跳，有短暂的假死性，受惊即从叶片上坠落，片刻之后又飞起。白天、晚上均能活动取食，以晚上活动取食较多。成虫

▲ 褐足角胸叶甲为害症状

无趋光性，喜欢在较阴暗、隐蔽的地方活动，如苞叶内和花蕾的苞片内，成虫能耐饥饿 1~2 天。幼虫则生活于土壤中，为害油茶植株根部，并在土壤中化蛹羽化。

▲ 褐足角胸叶甲成虫

防治方法

1　人工捕杀成虫：利用成虫的假死性，在成虫盛发期，人工抓捕成虫。

2　化学防治：在成虫发生期喷施 2.5% 鱼藤酮乳油 1 500 倍液。

三带隐头叶甲 *Cryptocephalus trifasciatus* Fabricius

别　　名	三带筒金花虫（台湾）
分类地位	鞘翅目（Coleoptera）肖叶甲科（Eumolpidae）
寄主植物	油茶、毛叶桉、木荷、紫薇、檵木、茶等
分布地区	福建、陕西、浙江、江西、湖南、广东、广西、云南、海南、台湾、香港

· **为 害 症 状** ·

　　成虫、幼虫取食寄主植物叶片。

· **形 态 特 征** ·

　　成虫：体长 4.5~7.2 毫米，宽 2.7~4.0 毫米。体背棕红具黑斑；体腹面、臀板和足几乎完全黑色，或上述部分完全红色，仅后胸腹面两侧黑色。体背光亮无毛；头部刻点粗大而密，头顶后方中央有 1 条明显的纵沟纹。触角基部 4 或 5 节棕红色，端节黑色或黑褐色，雌虫的较短，约达鞘翅肩胛，雄虫的较长，超过体长之半。前胸背板侧缘具明显敞边；沿前缘和侧缘都镶有窄的黑边，后缘有 1 条相当宽的黑横纹，盘区具一横列 4 个黑斑。小盾片黑色、光亮、舌形，末端圆钝或略平切，有时基部中央有一纵凹。鞘翅肩基缘、中缝和端缘均为黑色，距翅基约 1/4 处有 2 个黑横斑，有时这两个斑汇合成 1 条横纹，在中部之后有 1 条呈波曲形的宽黑横纹，在翅端有 1 个大黑斑。臀板黑色具红斑或基部黑色端部红色，或除边缘为黑色外完全红色；表面密被深刻点和灰色毛。

▲ 三带隐头叶甲成虫

▲ 三带隐头叶甲成虫及其为害症状

· **生 活 习 性** ·

　　在广东一年发生1代，以幼虫在枯枝落叶中越冬，翌年4月可见成虫出现。成虫和幼虫都生活在植株上，主要为害叶片；幼虫腹部完全包于一个囊内，头和胸部可以伸出或缩入囊内，化蛹和羽化都在囊内进行。成虫和幼虫均取食叶片成缺刻。成虫能飞善跳，有短暂的假死性，受惊即从叶片上坠落，片刻之后又飞起。白天、晚上均能活动取食。

防治方法

1 人工捕杀：利用其假死性，进行人工捕杀。

2 化学防治：成虫期、幼虫期喷洒3%高渗苯氧威乳油3 000倍液。

黄斑隐头叶甲 *Cryptocephalus luteosignatus* Pic

别　　名	白带筒金花虫
分类地位	鞘翅目（Coleoptera）肖叶甲科（Eumolpidae）
寄主植物	油茶、青冈栎、榕树、赤杨等
分布地区	江苏、浙江、江西、福建、台湾、广东

· **为 害 症 状** ·

成虫和幼虫取食叶片，把叶片取食成缺刻。

· **形 态 特 征** ·

成虫：体长3.5~4.5毫米；头和前胸背板淡黄色或棕黄色，前胸背板有时在盘区中部有形状不定的棕色或红棕色暗斑；翅鞘底色黑色，左右各有5个或6个淡黄色斑，肩角处另有1个小型白色斑；翅鞘白斑因个体差异而有不同程度的扩大或连接。前胸背板侧边狭窄。小盾片三角形，淡黄色或棕红色，边缘黑色，端末平切或圆钝，基部中央有一小圆凹窝。鞘翅肩胛和在小盾片的后方均稍隆起，盘区刻点较粗大且深刻，排列成规则的11纵行，行距宽平、光亮；每翅具5~6个斑（2、2、1或3、2、1），在翅基的中部有1个三角形斑，小盾片侧有1个小长斑，肩胛外侧有时有1个狭长斑，此斑往往消失，或与中部外侧的1个大斑汇合，盘区中部有一横列两个斑，外侧的一个大，内侧的小，另外，在翅端有1个大斑。

· **生 活 习 性** ·

在广东一年发生1代；成虫和幼虫均取食叶片成缺刻状。

▲ 黄斑隐头叶甲成虫及其为害症状

防治方法

防治方法同三带隐头叶甲。

小奥锹甲 *Odontolabis platynota* （Hope & Westwood）

分类地位 | 鞘翅目（Coleoptera）锹甲科（Lucanidae）
寄主植物 | 油茶等
分布地区 | 华南

· **为害症状** ·

成虫食叶、食液、食蜜，幼虫腐食，栖食于树桩及其根部。

· **形态特征** ·

成虫：长椭圆形，体黑色，有金属光泽；头部眼后侧边具明显的突起；前胸背板中部突起，鞘翅中部突。中足胫节外侧光滑无刺。

· **生活习性** ·

成虫具趋光性。

▲ 小奥锹甲成虫

防治方法

该虫对寄主植物不会造成毁灭性为害，可不用防治。

绿鳞象甲 *Hypomeces squamosus* Fabricius

别　　名 | 蓝绿象、绿绒象虫、棉叶象鼻虫、大绿象甲
分类地位 | 鞘翅目（Coleoptera）象甲科（Curculionidae）
寄主植物 | 油茶、茶、柑橘、棉花、甘蔗、桑、大豆、花生、玉米、烟、麻等
分布地区 | 河南、江苏、安徽、浙江、江西、湖北、湖南、广东、广西、福建、台湾、四川、云南、贵州

· 为害症状 ·

　　成虫取食油茶林木的嫩枝、芽、叶，能吃尽叶片，严重时还啃食树皮，影响树势或使全株枯死。

· 形态特征 ·

　　成虫：体长约 13 毫米，越冬成虫紫褐色。身体肥大而略扁，体壁黑色，密被均一的金光闪闪的蓝绿色鳞片（同一鳞片，角度不同而显示为蓝色或绿色），鳞片间散布银灰色长柔毛（雄）或鳞状毛（雌），鳞片表面常附着黄色粉末。有的个体，鳞片为灰色、珍珠色、褐色或暗铜色，个别个体的鳞片为蓝色。头管短而宽。前胸背板由前至后渐宽，中央有纵沟。鞘翅以翅肩附近最宽，向后渐狭，每鞘翅上有 10 条刻点沟。

　　卵：灰白色，长椭圆形。

　　幼虫：体长 10~17 毫米，乳白色至淡黄色，体肥，多皱纹，无足。

　　蛹：长约 14 毫米，黄白色。

▲ 绿鳞象甲成虫之一

· **生 活 习 性** ·

在广东油茶产区一年发生1代，以成虫及幼虫在土中越冬，越冬成虫3月开始出现，5—7月发生最多。成虫产卵于土中，幼虫在土内生活并化蛹。成虫活动力不强，有群集习性。

▲ 绿鳞象甲成虫之二

防治方法

1 人工捕杀：利用成虫的假死性，选择被为害的枝叶（叶片有缺刻状），在树冠下铺垫塑料布，摇动油茶树，将掉下的成虫集中杀灭。

2 化学防治：象甲成虫抗药能力很强，在成虫盛发期用20%杀灭菊酯、10%联苯菊酯4 000倍液喷杀。由于成虫有假死性，故喷药时，树冠下面的地面均要喷湿。

茶丽纹象甲 *Myllocerinus aurolineatus* Voss

别　　名 | 茶叶小象甲、黑绿象甲虫、小绿象鼻虫、长角青鼻虫、花鸡娘
分类地位 | 鞘翅目（Coleoptera）象甲科（Curculionidae）
寄主植物 | 油茶、茶、山茶、梨、苹果、桃、板栗等
分布地区 | 浙江、安徽、江苏、江西、福建、湖北、湖南、广东、广西、四川、山东

· **为 害 症 状** ·

幼虫在土中蛀食须根，主要以成虫咬食叶片，致使叶片边缘呈弧形缺刻，严重时全园残叶秃脉。

· **形 态 特 征** ·

成虫：体长5~7毫米，灰黑色，体表具有黄绿色带金属闪光的鳞片集成的斑点和条纹，腹面散生黄绿色或绿色鳞毛。触角膝

状，共 11 节，其前端呈纺锤形膨大、端部较尖。

卵：椭圆形，长 0.5~0.6 毫米，宽 0.3~0.4 毫米，黄白色至暗灰色。

幼虫：头黄褐色，体乳白色至黄白色，肥而多横皱，无足，成虫时体长 5.0~6.2 毫米。

蛹：长椭圆形，长 5~6 毫米，黄白色至灰褐色，头顶及胸、腹多节背面有刺突 6~8 枚，而以胸部的较显著。

· 生 活 习 性 ·

茶丽纹象甲在广东地区一年 1 代，以幼虫在土壤中越冬；蛹多于白天上午羽化，初羽化出的成虫乳白色，在土中潜伏 2~3 天，体色由乳白色变成黄绿色后才出土；成虫有趋光性，但很弱，假死习性强，受惊后即坠落地面，成虫出土后经 10 天左右开始交配，交配后 4~7 天开始产卵，卵分批散产，也有十余粒产在一起的。

成虫咀食嫩叶，被害叶呈不规则形的缺刻；幼虫取食油茶树及杂草根系。成虫有两个取食为害高峰，即产卵前期和产卵高峰期。晴天白天很少取食，晚上 8：00 后取食最盛，阴天则全天均取食。

卵孵化后，幼虫即潜入土中，入土深度随虫龄增大而加深，直至化蛹前再逐渐向上转移。幼虫主要在油茶树根际周围 33 厘米范围活动。

▲ 茶丽纹象甲成虫

防治方法

1　利用成虫假死性进行人工捕杀。

2　生物防治：于成虫出土前每亩用白僵菌 871 菌粉 1~2 千克拌细土撒施于土表。

3　化学防治：当虫量达到每平方米 15 头以上时进行防治。防治适期一般在 5 月底至 6 月上旬，即出土盛末期，于下午至黄昏喷药，以低容量喷雾为佳，可选用 871 菌粉 0.5~1.0 千克 / 亩，或 15% 吡·联苯（茶喜）1 000 倍液。

柑橘灰象 *Sympiezomia citre*（Chao）

别　　名｜柑橘大灰象虫、灰鳞象虫、泥翅象虫
分类地位｜鞘翅目（Coleoptera）象甲科（Curculionidae）
寄主植物｜油茶、茶、桃、柑橘、桃、李、杏、无花果等
分布地区｜贵州、四川、福建、江西、湖南、广东、浙江、安徽、陕西

· 为害症状 ·

以成虫为害叶片及幼果，老叶受害常造成缺刻；嫩叶受害严重时吃得精光；嫩梢被啃食成凹沟，严重时萎蔫枯死；幼果受害呈不整齐的凹陷或留下疤痕，重者造成落果。

· 形态特征 ·

成虫：体密被淡褐色和灰白色鳞片。头管粗短，背面漆黑色，中央纵列1条凹沟，从喙端直伸头顶，其两侧各有一浅沟，伸至复眼前面，前胸长略大于宽，两侧近弧形，背面密布不规则瘤状突起，中央纵贯宽大的漆黑色斑纹，纹中央具1条细纵沟，每鞘翅上各有10条由刻点组成的纵行纹，行间具倒伏的短毛，鞘翅中部横列1条灰白色斑纹，鞘翅基部灰白色。雌成虫鞘翅端部较长，合成近"V"形，腹部末节腹板近三角形。雄成虫两鞘翅末

端钝圆，合成近"U"形。末节腹板近半圆形。无后翅。

卵：长筒形而略扁，乳白色，后变为紫灰色。

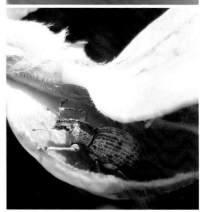

▲ 柑橘灰象成虫

幼虫：末龄幼虫体乳白色或淡黄色。头部黄褐色，头盖缝中间明显凹陷。背面中间部分略呈心脏形，有刚毛 3 对，两侧部分各生 1 根刚毛，于腹面两侧骨化部分之间，位于肛门附近的一块较小，近圆形，其后缘有刚毛 4 根。

蛹：长 7.5~42 毫米，淡黄色头管弯向胸前，上额似大钳状，前胸背板隆起，中脚后缘微凹，背面有 6 对短小毛突，腹部背面各节横列 6 对刚毛，腹末具黑褐色刺 1 对。

· 生 活 习 性 ·

一年发生 1 代，以成虫在土壤中越冬。翌年 3 月底至 4 月中旬出土，4 月中旬至 5 月上旬是为害高峰期，5 月为产卵盛期，5 月中、下旬为卵孵化盛期。

防治方法

防治方法同茶丽纹象甲。

茶柄脉锦斑蛾 *Eterusia aedea* Linnaeus

别　　名	茶斑蛾
分类地位	鳞翅目（Lepitoptera）斑蛾科（Zygaenidae）
寄主植物	油茶、茶、板栗等
分布地区	江苏、安徽、河南、陕西、台湾、海南、广东、广西、云南、四川

· 为 害 症 状 ·

幼虫咬食叶片，低龄幼虫仅食去下表皮和叶肉，残留上表皮，形成半透明状枯黄薄膜。成长幼虫把叶片食成缺刻，严重时全叶食尽，仅留主脉和叶柄。

· 形 态 特 征 ·

成虫：体长 17~20 毫米，头、胸黑色，具青蓝色光泽。前翅有黄白斑 3 列，近基部有一列 4 个连成横带的黄白斑，中部有 5 个连成横带的黄白斑，中部外侧有 10 个散生的不规则黄白斑；后翅中部有 7~8 个黄白斑组成其宽横带，近外缘处有 8 个黄白色斑。

卵：椭圆形，乳白色，渐转灰褐色。

幼虫：体长 22~30 毫米，黄褐色，全体肥厚，两端稍小，呈纺锤形；中、后胸背面各具瘤突 5 对，腹部 1~8 节各有瘤突 3 对，第 9 节生瘤突 2 对，瘤突上均簇生短毛。

蛹：体长约 20 毫米，纺锤形，黄褐色。

▲ 茶柄脉锦斑蛾幼虫

· 生 活 习 性 ·

茶柄脉锦斑蛾一年发生 2 代，以老熟幼虫在油茶树基部枯叶或土隙中越冬，次年 3 月中旬上树取食为害，4 月中、下旬结茧，5 月上旬至 6 月上旬成虫羽化产卵，卵期 7~10 天。第 1 代幼虫发生于 6 月上中旬，8 月上、中旬结茧化蛹，9 月中旬至 10 月上旬羽化产卵。第 2 代幼虫出现于 10 月上中旬，11 月中下旬开始越冬。

成虫活泼，日夜活动，善飞翔，有趋光性。卵产于叶部。初孵幼虫聚集于油茶中下部嫩叶背面取食，2 龄幼虫开始分散。老熟后在老叶正面吐丝，结茧化蛹。

防治方法

1 加强管理：冬季结合油茶林垦复，在油茶树根部四周培土覆盖，稍加镇压，可杀死越冬幼虫，防止成虫羽化出土。

2 生物防治：用青虫菌、杀螟杆菌和苏芸金杆菌每毫升含 0.5~0.25 亿孢子液单喷，效果较好。

3 药剂防治：在为害严重的油茶林，当幼虫孵化时可喷洒 2.5% 溴氰菊酯乳油 4 000~5 000 倍液。

绿脉白斑蛾 *Chalcosia pectinicornis* diana Butler

分类地位｜鳞翅目（Lepidoptera）斑蛾科（Zygaenidae）
寄主植物｜油茶、茶
分布地区｜广东、台湾

· **为害症状** ·

　　以幼虫为害寄主植物嫩叶、嫩梢，蚕食叶片，嫩叶缺刻、孔洞，严重时造成寄主秃枝光杆。

· **形态特征** ·

　　成虫：小型，头部红色，翅膀底色白色，前翅有 2 条横带，横带底色浅蓝色上具黑色的短斑，第 2 列横带从前缘至臀角，翅脉明显呈蓝绿色，此为命名的由来。外观近似白带白斑蛾，但后者体型较大，翅缘不具黑边，数量较少。

· **生活习性** ·

　　本种普遍分布于低海拔山区，常见在低矮的树林或草丛停栖，属于白天出现的蛾类，外观像蝶。

▲ 绿脉白斑蛾成虫

防治方法

1　利用黑光灯诱杀成虫。

2　幼虫发生期用 1.2% 烟参碱乳油 800~1 000 倍液或 1% 杀虫素乳油 2 000~2 500 倍液喷治。

伊贝鹿蛾 *Syntomoides imaon*（Gram）

分类地位 | 鳞翅目（Lepidoptera）鹿蛾科（Ctenuchidae）
寄主植物 | 油茶等
分布地区 | 福建、广东、云南、西藏、香港

· **为害症状** ·

成虫取食花蜜，幼虫取食植物叶片。

· **形态特征** ·

成虫：展翅 35~40 毫米，体背黑色具蓝色光泽，头胸间具黄纹，腹部有 2 条黄色环带，外观近似黄颈鹿子蛾，但本种前翅空窗较大，空窗间紧邻。雄虫体型较小，前翅翅端的空窗列少了 1 枚，上下的 2 枚分离，雌虫为 5 枚白斑紧邻。雄蛾体型瘦小，前翅下方的白色空窗，上下 2 枚分离。雌蛾体型大而肥胖，前翅的空窗较大，近后端的空窗 4 枚仅邻间隙呈线状。

幼虫：黑色，具长毛，头橙色，作一丝茧化蛹。

· **生活习性** ·

普遍分布在低海拔山区，为常见的种类。白天活动，停息于叶面、墙角或花丛间吸蜜。少数趋光，活动力小，飞行缓慢，容易观察。

▲ 伊贝鹿蛾成虫

防治方法

1 利用灯光诱杀成虫。

2 早春幼虫期喷洒 20% 除虫脲悬浮剂 7 000 倍液。

黄体鹿蛾 *Amata grotei*（Moore）

分类地位 | 鳞翅目（Lepidoptera）鹿蛾科（Ctenuchidae）
寄主植物 | 油茶等
分布地区 | 广东、云南

· **为 害 症 状** ·

　　成虫取食花蜜，幼虫取食植物叶片。

· **形 态 特 征** ·

　　成虫：翅展 34 毫米；触角黑色，尖端白色，头、胸部黑色，额黄色，颈板、翅基片橙黄色，胸部中间具 2 条黄色纵斑、后端具黄色横斑；腹部黑色，各节具有黄带；前翅黑色，翅斑透明，前缘下方橙黄色，中室端达翅缘为 1 条放射黑纹；后翅后缘基部黄色，翅斑大。

· **生 活 习 性** ·

　　不详。

▲ 黄体鹿蛾成虫

▲ 黄体鹿蛾幼虫

（防治方法）

防治方法同伊贝鹿蛾。

杨扇舟蛾 *Clostera anachoreta*（Fabricius）

别　　名｜杨树天社蛾
分类地位｜鳞翅目（Lepidoptera）舟蛾科（Notodontidae）
寄主植物｜油茶、杨、柳
分布地区｜我国除新疆、贵州、广西和台湾尚无记录外，几乎遍布各地

· **为害症状** ·

　　以幼虫为害寄主植物叶片，严重时在短期内将叶吃光，影响树木生长。整年都为害，无越冬现象。

· **形态特征** ·

　　成虫：雌虫体长 15~20 毫米，翅展 38~42 毫米，触角单栉齿状。雄虫体长 13~17 毫米，翅展 28~38 毫米，触角单栉齿状。淡灰褐色，头顶有 1 块近椭圆形黑斑，前翅灰白色，顶角有一暗褐色扇形大斑，外横线外方斑内有黄褐带锈红色斑一排，3~5 个不等，内方有 1 个较大的黑斑，后翅灰褐色。翅上有灰白色横纹 4 条。

　　卵：半扁圆形，直径 0.9 毫米。初产时为橙黄色，近孵时变为紫红色。

　　幼虫：老熟幼虫体长 32~38 毫米，头部黑褐色，体上有淡褐或白色细毛，体背灰黄绿色，腹部第 2、8 节背面中各有 1 个枣红色大肉瘤，瘤基部边缘黑色，两侧各伴有 1 个白点；每节有环形排列的橙红色小肉瘤 8 个，瘤上生有长毛。全体被白色细毛。

　　蛹：体长 13~18 毫米。褐色，臀棘端分叉。茧椭圆形，灰白色。

· **生活习性** ·

　　辽宁、甘肃一年 2~3 代，华北各省区 4~5 代，华东 5~6 代，广东、海南多为 7~8 代。以蛹结茧在表土中、树皮缝和枯卷叶中越冬。翌年 3 至 4 月成虫羽化。成虫夜出活动，趋光性强。交尾后当天产卵，每雌产卵 100~600 粒。卵多单产平铺于叶背，初孵幼虫，有群集性，静止时朝一个方向，排列整齐，1~2 龄幼虫咀食叶片下表皮，仅留上表皮和叶脉，5 龄幼虫食量最大，占总食量的 70% 左右，幼虫蜕皮 4 次，共 5 龄，幼虫期 33~34 天，老熟

幼虫在卷叶内吐丝结薄茧化蛹，　蛹期除越冬蛹外，一般为 8 天。

▲ 杨扇舟蛾低龄幼虫

防治方法

1　人工摘除虫苞消灭虫源，对压低后期为害起重要作用。

2　低龄幼虫期喷 Bt 乳剂 500 倍液、20% 除虫脲悬浮剂 7 000 倍液。

3　保护利用天敌：卵期可释放赤眼蜂，幼虫期喷施白僵菌、青虫菌或颗粒性病毒等生物药剂。杨扇舟蛾卵期天敌有舟蛾赤眼蜂、黑卵蜂、毛虫追寄蝇、小茧蜂、大腿蜂、颗粒体病毒、灰椋鸟等。

灰舟蛾 *Cnethodonta grisescens* Staudinger

分类地位 | 鳞翅目（Lepidoptera）舟蛾科（Notodontidae）
寄主植物 | 油茶、春榆、糠椴
分布地区 | 黑龙江、吉林、甘肃、河北、陕西、河南、浙江、湖北、江西、湖南、福建、广东、广西、四川

· **为害症状** ·

以幼虫为害寄主植物叶片，严重时在短期内将叶吃光，影响树木生长。

· **形态特征** ·

成虫：翅展雄虫 36~45 毫米，雌虫 46 毫米。头、胸灰色，腹部灰褐色，末节灰白色；前翅灰白色，满布黑褐色雾点，所有斑纹黑褐色，由半竖起鳞片组成，4条横线不清晰衬白边，横脉纹较清晰；后翅灰褐色，前缘较灰白。

· **生活习性** ·

不详。

▲ 灰舟蛾幼虫

防治方法

1 利用黑光灯诱杀成虫。

2 幼虫发生严重时期，喷洒 20% 除虫脲悬浮剂 7 000 倍液。

茶细蛾 *Caloptilia theivora*（Walsingham）

别　　名｜三角苞卷叶蛾、幕孔蛾
分类地位｜鳞翅目（Lepidoptera）细蛾科（Gracilariidae）
寄主植物｜油茶、茶、山茶
分布地区｜长江以南各油茶产区

· **为害症状** ·

　　幼虫 1~2 龄为潜叶期，从叶片的下表皮潜入，在上、下表皮间取食叶肉，形成弯曲潜道；3~4 龄前期为卷边期，4 龄后期、5 龄初期进入卷苞期，在嫩叶边缘吐丝将叶缘向背面里卷成三角虫苞，隐匿于苞中取食下表皮及叶肉，并积留虫粪，严重污染鲜叶。

· **形态特征** ·

　　成虫：体长 4~6 毫米，翅展 10~13 毫米，头、胸部暗褐色，复眼黑色，颜面披黄色毛。触角丝状，褐色。前翅褐色带紫色光泽，近中央处具一金黄色三角形大纹达前缘。后翅暗褐色，缘毛长。

　　卵：长 0.30~0.48 毫米，扁平椭圆形，无色，有水滴状光泽。

　　幼虫：老龄幼虫体长 8~10 毫米，幼虫共 5 龄；幼虫乳白色，半透明，口器褐色，单眼黑色，体表具白短毛，低龄阶段体略扁平，头小胸部大，腹部由前渐细，后期体呈圆筒形，能看见深绿色至紫黑色消化道。

　　蛹：长 5~6 毫米，圆筒形，浅褐色。腹面及翅芽浅黄色，复眼红褐色；茧长 7.5~9.0 毫米，长椭圆形，灰白色。

· **生活习性** ·

　　长江中下游油茶区一年发生 7 代，以蛹茧在寄主树中下部成

▲ 茶细蛾为害症状

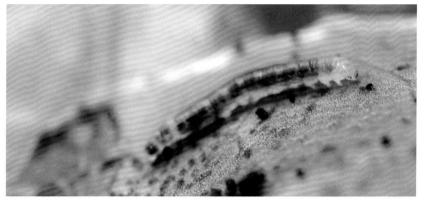

▲ 茶细蛾幼虫

叶或老叶面凹陷处越冬，翌春 4 月成虫羽化产卵，第 1 代 4 月中下旬，第 2 代 5 月下旬，第 3 代 6 月下旬至 7 月上旬，第 4 代 7 月下旬，第 5 代 8 月下旬，第 6 代 9 月下旬至 10 月上旬，第 7 代 11 月中旬，第 4 代后出现世代重叠，以第 5~6 代为害最重。成虫晚上活动、交尾，有趋光性。成虫羽化后 2~3 天把卵产在嫩叶背面，芽下第二叶居多，三叶次之，芽上少，一片叶上数粒至数十粒，1~3 代每雌可产卵 44~68 粒，余各代少。1~2 龄为潜叶期，3~4 龄前期为卷边期，4 龄后期、5 龄初期进入卷苞期，把叶尖向叶背卷结为三角虫苞，隐匿苞中咀食叶肉，幼虫常转苞为害，把粪便堆积在苞内，严重影响茶叶质量。老熟幼虫把苞咬一孔洞爬出后，至下方老叶或成叶背面吐丝结茧化蛹。该虫卵期 3~5 天，幼虫期 9~40 天，非越冬蛹 7~16 天，成虫寿命 4~6 天。

防治方法

1 加强油茶园管理，发现虫苞及时摘除，集中烧毁或深埋。

2 利用黑光灯诱杀成虫。

3 保护和利用天敌：主要天敌有锥腹小蜂，寄生率 20% 左右，另有多种蜘蛛捕食茶细蛾成虫、幼虫。

4 化学防治：在潜叶期及时喷洒 1.8% 爱福丁乳油 3 000 倍液。

黑黄潜蛾 *Opagona nipponica* Stringer

分类地位│鳞翅目（Lepidoptera）潜蛾科（Lyonetiidae）
寄主植物│油茶、茶、山茶、紫薇等
分布地区│辽宁、广东及华北各地

· **为害症状** ·

　　幼虫潜入叶片上下表皮间的叶肉组织内为害，幼虫老熟后由潜痕内钻出，在叶片或枝干上作茧化蛹。

· **形态特征** ·

　　成虫：翅展 14 毫米；头部扁平，头顶和颜面有黄褐色鳞片；触角带褐色，基部长而膨大；唇须黄白色，外侧暗褐色；前翅基半部土黄色，前缘 1/6 有灰褐色，端半部灰褐色，两者间有深褐色斑点 3 个；后翅披针形，灰褐色；缘毛长。

· **生活习性** ·

　　不详。

▲ 黑黄潜蛾成虫

防治方法

8 月利用灯光诱杀成虫。

茶小卷叶蛾 *Adoxophyes orana* Fisher von Roslerstam

别　　名	橘（小黄）卷叶蛾、棉褐带卷蛾、苹卷叶蛾、网纹褐卷叶蛾、桑斜纹卷叶蛾、远东褐带卷叶蛾、棉小卷叶蛾
分类地位	鳞翅目（Lepidoptera）卷蛾科（Tortricidae）
寄主植物	油茶、茶、柑橘、苹果、梨、柿、桃、李、枇杷、棉花等
分布地区	江苏、浙江、安徽、江西、福建、广东、海南、四川、贵州、云南、湖南、湖北、河南、陕西、山东、台湾

· 为害症状 ·

初孵幼虫爬至油茶树芽顶、枝梢上为害，吐丝卷缀芽叶，残留一层表皮；3龄后幼虫常吐丝缀连2~3张叶片或纵卷一叶后，匿居其中取食一面叶肉，形成透明枯斑，呈现褐色薄膜或食叶成穿孔或缺刻。

· 形态特征 ·

成虫：体长6~8毫米，翅展15~22毫米，淡黄褐色。前翅近长方形，散生褐色细纹，有3条明显的深褐色斜行带纹，分别在翅基、翅中部和翅尖，翅中部带纹呈"h"形，翅尖1条分叉成"V"形。雄蛾翅基褐带宽而明显。后翅灰黄色，外缘稍褐色。

卵：扁平，椭圆形，淡黄色。卵块扁平，近似椭圆形，由数十粒至百余粒呈鱼鳞状排列，表面覆有透明胶质物。

幼虫：共5龄，1龄幼虫体长1.4~2.8毫米，头黑色，体淡黄色；2龄幼虫体长2.5~4.8毫米，头淡黄褐色，体淡黄绿色；3龄幼虫体长4.3~7.0毫米，头淡黄褐色，体黄绿色；4龄幼虫体长5.0~13.0毫米，头黄褐色，体绿色，背血管明显；5龄幼虫体长9.0~19.0毫米，头黄褐色，体呈鲜绿色或浓绿色，背血管绿色。

蛹：开始时绿色，后变淡黄色、淡褐色，近孵化时呈褐色。雌蛹体长9~10毫米，雄蛹略小。腹部第2至第7节背面各有2列钩刺突，腹末有8枚弯曲臀刺。

· 生活习性 ·

茶小卷叶蛾成虫白天多栖息于油茶中下部叶背，有趋光性，并喜嗜糖醋味。卵成块产于油茶树中下部老叶背面。遇到高温干旱，产卵量明显减少。

幼虫孵出后向上爬至芽梢，或吐丝随风飘至附近枝梢上，潜入芽尖缝隙内或初展嫩叶端部、边缘吐丝卷结匿居，咀食叶肉，被害叶呈不规则形枯斑。虫口以芽下第一叶上居多。3龄后将邻近两叶至数叶结成虫苞，在苞内咀食，被害叶出现明显的透明枯斑。茶小卷叶蛾幼虫有转移结苞的习性。幼虫十分活泼，3龄后受惊常弹跳逃脱坠地。老熟后即在虫苞内化蛹。多以3龄以上幼

虫在卷叶或残花中越冬，翌年开春后当气温上升到7~12℃时开始活动为害。年发生代数各地略有差异，在广东6~7代。

▲ 茶小卷叶蛾幼虫

防治方法

1 灯光诱杀：成虫期田间点灯，诱杀成虫，也可以用性引诱剂诱杀雄蛾。

2 生物防治：①保护天敌，油茶园应尽量减少喷药次数和降低农药用量，以减少对自然天敌的伤害，充分发挥自然天敌对茶小卷叶蛾的控制作用。②用白僵菌、颗粒体病毒、赤眼蜂可有效地防治茶小卷叶蛾，白僵菌每亩用含孢子量每克100亿的菌粉0.5千克，加水稀释后喷雾，防治适期掌握在1~2龄幼虫期，但蚕区禁止使用；颗粒体病毒可用制剂每亩用药200毫克或感染病毒后的虫尸200头研细后加水喷雾，防治适期掌握在卵盛孵末期；赤眼蜂则在卵期使用，整个卵期可放蜂3~4批，前后间隔4天左右，每亩放蜂量20 000~80 000头。

3 化学防治：防治指标每亩幼虫量10 000~15 000头；防治适期掌握在1~2龄幼虫期；施药方式，可采用低容量扫喷，发生不严重、虫口密度较低的，提倡挑治，即只喷发虫中心；农药可选用2.5%溴氰菊酯（即敌杀死，每亩用药20~25毫升）、2.5%三氟氯氰菊酯（即功夫，每亩用药20~25毫升）。

拟小黄卷叶蛾 *Adoxophyes cyrtosema*（Meyrick）

别　　名｜青虫、柑橘丝虫
分类地位｜鳞翅目（Lepidoptera）卷蛾科（Tortricidae）
寄主植物｜油茶、茶、柑橘、荔枝、龙眼、杨桃、苹果、猕猴桃、大豆、花生、桑和棉花等
分布地区｜广东、广西、福建、浙江、江西、四川、贵州

· **为害症状** ·

幼虫为害新梢、嫩叶、花和果实。

· **形态特征** ·

成虫：体黄色，长 7~8 毫米，翅展 17~18 毫米。头部有黄褐色鳞毛，下唇须发达，向前伸出。雌虫前翅前缘近基角 1/3 处有较粗而浓黑褐色斜纹横向后缘中后方，在顶角处有浓黑褐色近三角形的斑点。雄虫前翅后缘近基角处有宽阔的近方形黑纹，两翅相合时成为六角形的斑点。后翅淡

▲ 拟小黄卷叶蛾幼虫

▲ 拟小黄卷叶蛾为害症状

黄色，基角及外缘附近白色。

卵：椭圆形，纵径 0.8~0.85 毫米，横径 0.55~0.65 毫米，初产时淡黄色，后渐变为深黄色，孵化前变为黑色，卵聚集成块，呈鱼鳞状排列，卵块椭圆形，上方覆胶质薄膜。

幼虫：初孵时体长约 1.5 毫米，末龄体长为 11~18 毫米。头部除 1 龄黑色外，其余各龄皆黄色。前胸背板淡黄色，3 对胸足淡黄褐色，其余黄绿色。

蛹：黄褐色，纺锤形，长约 9 毫米，宽约 2.3 毫米，雄蛹略小。第 10 腹节末端具 8 根卷丝状钩刺，中间 4 根较长，两侧的 2 根一长一短。

· 生 活 习 性 ·

该虫在湖南、江西、浙江等地每年发生 5~6 代，福建 7 代，广东、四川等地 8~9 代，田间世代重叠。多以幼虫在卷叶或叶苞内越冬，但也有少数蛹和成虫越冬。该虫在广州地区于翌年 3 月上旬化蛹，3 月中旬羽化为成虫，3 月下旬开始出现第 1 代幼虫。幼虫化蛹于叶苞间，成虫产卵于寄主叶片正面，喜食糖、醋及发酵物。

防治方法

防治方法同茶小卷叶蛾。

 食叶类害虫

山楂超小卷叶蛾 *Pammene crataegicola* Liu et Komai

分类地位 | 鳞翅目（Lepidoptera）卷蛾科（Tortricidae）
寄主植物 | 油茶、山楂
分布地区 | 吉林、辽宁、河北、河南、山东、江苏、广东等

· **为害症状** ·

幼虫常吐丝将叶片缀连在一起，钻蛀为害。

· **形态特征** ·

成虫：体长 4.2~5.0 毫米，翅展 9.5~10.8 毫米，灰褐色。前翅灰褐色，前缘有 10~12 组灰色、黑褐色相间的短斜纹，后缘中部有一灰白色三角形斑，两翅并拢时，合成一菱形斑，斑内有一暗色横纹。后翅灰白色，近顶角处及外缘前半部灰褐色。

卵：扁椭圆形，长径 0.6~0.7 毫米，短径 0.4~0.6 毫米，乳白色，孵化前可见黑褐色小点。

幼虫：体长 8~10 毫米，头部褐色，体黄白色至污白色。单眼白色，单眼区内有黑褐色长形斑。前胸盾后缘和臀板褐色。腹足趾钩双序全环；臀足趾钩双序横带。毛片较大，淡褐色，极明显。腹部第 1~7 节的 SD1 和 SD2 毛片合并。臀栉褐色，1~6 齿。

蛹：长 4.9~5.8 毫米，红褐色。腹部第 2~7 节背面有两列棘突，前列排列不整齐。腹末端生有 10 根钩状臀棘。

· **生活习性** ·

以老熟幼虫在枝干翘皮下结白茧越冬。卵产于叶片背面，卵期约 10 天。

防治方法

防治方法同茶小卷叶蛾。

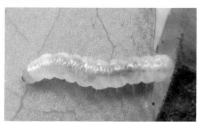

▲ 山楂超小卷叶蛾成虫（下左）、幼虫（上）及为害症状（下右）

茶长卷蛾 *Homona magnanima* Diakonoff

别　　名	茶卷叶蛾、褐带长卷叶蛾、后黄卷叶蛾、茶淡黄卷叶蛾、柑橘长卷蛾
分类地位	鳞翅目（Lepidoptera）卷蛾科（Tortricidae）
寄主植物	茶、油茶、柑橘、荔枝、龙眼、杨桃、梨、苹果、桃、李、石榴、梅、樱桃、核桃、枇杷、柿、板栗、银杏、女贞、栎、樟树、落叶松、冷杉、紫杉、咖啡等
分布地区	江苏、安徽、福建、台湾、湖北、四川、广东、广西、云南、湖南、江西、西藏

· **为 害 症 状** ·

　　为害油茶树初抽嫩芽叶，它吐丝将新梢生长点附近的嫩叶缀成一火焰苞状，并藏身其中取食嫩叶及生长点。咀食叶肉后，留下一层表皮，形成透明枯斑，严重时状如火烧。随虫龄增大，食叶量大增，虫苞可多达 10 片叶，此时，成叶、老叶同样被蚕食。有明显的为害中心，被害油茶树芽叶生长受阻，若主梢多次被害，可造成丛枝。

· **形 态 特 征** ·

　　成虫：体暗褐色，雌虫体长 8~10 毫米，翅展 25~30 毫米，雄虫体长 6~8 毫米，翅展 16~19 毫米。头小，头顶有浓褐色鳞片，下唇须上翘至复眼前缘。前翅暗褐色，近长方形，基部有黑褐色斑纹，从前缘中央前方斜向后缘

中央后方，有一深褐色褐带，顶角亦常呈深褐色。后翅为淡黄色。雌虫翅长过腹末；雄虫则仅能遮盖腹部，且前翅具宽而短的前缘

▲ 茶长卷蛾为害症状

折，静止时常向背面卷折。卵淡黄色，椭圆形，长径 0.8~0.85 毫米，横径 0.55~0.65 毫米。

卵：常排列成鱼鳞状，上覆胶质薄膜，卵块椭圆形，长约 8 毫米，宽约 6 毫米。

幼虫：1 龄幼虫体长 1.2~1.6 毫米，头黑色，前胸背板和前、中、后足深黄色；2 龄幼虫体长 2~3 毫米，头部、前胸背板及 3 对胸足黑色，体黄绿色；3 龄幼虫体长 3~6 毫米，形态色泽同 2 龄虫；4 龄幼虫体长 7~10 毫米，头深褐色，后足褐色，其余为黑色；5 龄幼虫体长 12~18 毫米，头部深褐色，前胸背板黑色，体黄绿色；6 龄幼虫体长 20~23 毫米，体黄绿色，头部黑色或褐色，前胸背板黑色，头与前胸相接的

地方有一较宽的白带。

蛹：雌蛹体长 12~13 毫米，雄蛹 8~9 毫米，均为黄褐色。第 10 腹节末端狭小，具 8 条卷丝状臀棘。

· 生 活 习 性 ·

该虫在浙江和安徽每年发生 4 代，在四川每年发生 4~5 代，在福建、广东、台湾每年发生 6 代。以老熟幼虫在卷叶或杂草内越冬，在旬均温回升到 12℃ 左右时开始活动。各地 1 代幼虫的发生期不同，在广东为 4—5 月，在福州为 5 月中旬至 6 月上旬，在浙江为 6 月至 7 月上旬。第 2 代幼虫主要为害嫩芽或嫩叶，常吐丝将 3~6 片叶牵结成包，匿居其中为害。1 龄幼虫多取食叶背，留下一层薄膜状叶表皮，不久该表皮破损成为穿孔。2 龄末期后多在叶缘取食，被害叶多成穿孔或缺刻。幼虫活动性较强，若遇惊扰，即迅速向后移动，吐丝下坠，不久后又沿丝向上卷动。幼虫有趋嫩习性，高温高湿的环境死亡率也高。幼虫化蛹于叶包内。成虫飞翔力不强，日间常停息于叶片上，活动都在晚间进行。有较强的趋光性，对糖、酒和醋等发酵物亦有趋向性。

▲ 茶长卷蛾幼虫

防治方法

1 农业防治：幼虫 3 龄前及早摘除虫苞，3 龄后可将虫由下而上地快速捏死；结合每年冬翻松土，清除落叶和杂草，集中销毁，降低虫源基数。

2 物理防治：成虫盛发期在油茶园中安装黑光灯或频振式杀虫灯诱杀（每公顷可安装 40 瓦黑光灯 3 只）；也可用 2 份红糖、1 份黄酒、1 份醋和 4 份水配制成糖醋液诱杀。

3 生物防治：①病毒：茶长卷蛾病毒有茶长卷蛾质型多角体病毒，能有效控制茶长卷蛾的为害，并对天敌安全无害，且它的寄主特异性很强，只对特定的昆虫有致病性；③天敌：茶长卷蛾的捕食性天敌在树枝及叶间巡猎，甚至钻进幼虫的虫苞内主动捕食，主要是蜘蛛类，有三突花蛛、斑管巢蛛、叶斑圆蛛等，寄生性天敌昆虫寄生于老熟幼虫体内，主要有两种姬蜂和广大腿小蜂。

4 化学防治：幼果期和 9 月前后如虫口密度较大，可用药防治。药剂有：100 亿个 / 克青虫菌 1 000 倍液加 0.3% 茶枯或 0.2% 洗衣粉、200 亿个 / 克白僵菌 300 倍液、10% 吡虫啉可湿性粉剂 3 000 倍液、1% 阿维菌素乳油 3 000~4 000 倍液、25% 除虫脲可湿性粉剂 1 500~2 000 倍液。

丽毒蛾 *Calliteara pudibunda*（Linnaeus）

别　　名｜苹叶纵纹毒蛾、苹毒蛾、茸毒蛾
分类地位｜鳞翅目（Lepidoptera）毒蛾科（Lymantriidae）
寄主植物｜油茶、桦、鹅耳枥、山毛榉、枥、板栗、橡、榛、槭、椴、杨、柳、悬钩子、蔷薇、李、山楂、苹果、梨等
分布地区｜河北、山西、辽宁、吉林、黑龙江、山东、河南、陕西、广东、台湾

· **为害症状** ·

幼虫为害嫩叶。

· **形态特征** ·

成虫：体长约20毫米，褐色，体下白黄色；雄性前翅灰白色，带黑，鳞片褐色，内区灰白明显，中区暗，亚基线黑色，微波浪形，内线黑色，横脉黑褐色，外线双黑色，外一线大波浪形，端线为黑点1列。

卵：淡褐色，扁球形，中央有凹陷1个，正中具一黑点。

幼虫：老熟幼虫体长35~52毫米，绿黄色，头淡黄色，第1~5腹节间黑色，第5~8腹节间微黑色，体腹面黑灰色；全体被黄色长毛，前胸背两侧各有一向前伸的黄毛束，第1~4腹节背各有一赭黄色毛刷，周围有白毛。第8腹节背面有一向后斜的紫红色毛束。

蛹：浅褐色，背有长毛束，腹面光滑，臀棘短圆锥形，末端有许多小钩。茧外面覆盖一层薄的由幼虫脱下的黄色长毛缀合的丝茧。

· **生活习性** ·

一年发生2代，以蛹越冬。翌年4—6月和7—8月出现各代成虫，成虫交尾产卵，卵期约15天；初孵幼虫取食叶肉，咬叶成孔洞。5—7月和7—9月分别为各代幼虫期。老熟幼虫将叶卷起结茧化蛹；产卵于树干上。

▲ 丽毒蛾幼虫

防治方法

1. 成虫期利用黑光灯诱杀。
2. 幼虫期喷洒 20% 除虫脲悬浮剂 7 000 倍液。
3. 保护天敌（姬蜂、细蜂、小茧蜂、小蜂等）。

茶黑毒蛾 *Dasychira baibarana* Matsumura

别　　名	茶茸毒蛾
分类地位	鳞翅目（Lepidoptera）毒蛾科（Lymantridae）
寄主植物	油茶、茶等
分布地区	全国各油茶产区

· 为 害 症 状 ·

幼虫咀食油茶树叶片成缺刻或孔洞，严重时把叶片、嫩梢食光，影响翌年产量、质量。幼虫毒毛触及人体引致红肿痛痒。

· 形 态 特 征 ·

成虫：雌蛾体长 15~20 毫米，翅展 32~40 毫米，雄蛾稍小。成虫体翅栗黑色，前翅基部色深，外横线黑色，细而弯曲，近顶角处具颜色不一的纵纹 3~4 条，翅中部近前缘处具一灰白色近圆形斑块，下方有一黑褐色斑块，外下方生一白斑点。后翅色较浅，无斑纹，腹部纵列黑色毛丛 3~4 个。

卵：直径 0.8 毫米，近球形，顶部中央略凹陷，灰白色至黑色。

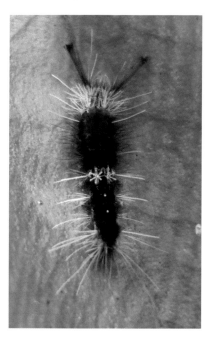

▲ 茶黑毒蛾幼虫之一

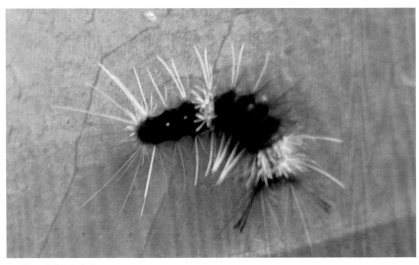

▲ 茶黑毒蛾幼虫之二

幼虫：体长 23~32 毫米，头棕褐色，体黑色，腹部 1~4 节背面各具褐色毛丛 1 对，第 5 节有 1 对黄色毛丛，第 8 节生黑褐色毛丛 1 对。胸部、尾部各具白色长毛 2 对。

蛹：长 11~17 毫米，黑色。茧棕褐色，丝质。

· 生 活 习 性 ·

一年发生 4~5 代，以卵在寄主植物叶背、细枝或枯草上越冬。翌年 3 月下旬至 4 月上旬孵化。2、3、4 代幼虫分别发生在 6 月、7 月中旬至 8 月中旬、8 月下旬至 9 月下旬。成虫趋光性强，白昼静伏，夜间活动，羽化后当天即行交配，把卵成块或散产在下部叶背处。每雌产卵 100~200 粒，卵期 7~10 天。幼虫共 5 龄，初孵幼虫群集老叶背面取食叶肉，2 龄后分散，喜在黄昏或清晨为害。幼虫期 20~27 天。老熟后爬至树冠基部枝杈间、落叶下或土缝里结茧化蛹。蛹期 10~14 天，成虫寿命 5~12 天。该虫喜温暖潮湿气候，高温干旱年份发生少。

防治方法

防治方法同丽毒蛾。

棉古毒蛾 *Orgyia postica*（Walker）

别　　名 | 灰带毒蛾、荞麦毒蛾
分类地位 | 鳞翅目（Lepidoptera）毒蛾科（Lymantriidae）
寄主植物 | 油茶、茶、木荷、相思、紫荆、假萍婆、木棉、竹柏、紫薇、月季、高山榕、木麻黄、杧果、桉树、葡萄、桃、梨、柑橘等
分布地区 | 广东、广西、福建、江西、云南、台湾、香港

· 为 害 症 状 ·

　　幼虫吃叶，食性杂，为害多种花木及果树。

· 形 态 特 征 ·

　　成虫：雌雄成虫异形。雌蛾翅退化，体黄白色，体长15~17毫米，头胸部短，腹部占身体的大半，腹中卵粒隐约可见。雄蛾体长9~12毫米，翅展22~25毫米；触角浅棕色，栉齿褐黑色；体和足褐棕色。前翅棕褐色，基线黑色，外斜，内横线黑色，波浪形，外弯，横脉纹棕色带黑边和白边，外横线黑色，波浪形，前半外弯，后半内凹，在中室后缘与内横线靠近，两线间灰色；亚外缘线黑色，双线，波浪形；亚端区灰色，有纵向黑纹；外缘线由一列间断的黑褐色线组成，缘毛黑棕色有黑褐色斑。后翅黑褐色，缘毛棕色。

　　卵：白色，球形，顶点稍扁

▲ 棉古毒蛾成虫（上）及幼虫（下）

平,有淡褐色轮纹,直径约 0.7 毫米。

幼虫:老熟幼虫体长 36 毫米,浅黄色,有稀疏棕色毛,背线及亚背线棕色,前胸背面两侧和第 8 腹节背面中央各有一棕色长毛束,第 1~4 腹节背面各有一黄色刷状毛,第 1、2 腹节两侧各有一灰白色长毛束;头部橘红色;翻缩腺红褐色。

蛹:长 18 毫米,黄褐色。茧黄色,椭圆形,粗糙,表面附着黑色毒毛。

· 生 活 习 性 ·

在广东一年发生 6 代,世代重叠,每年 6—8 月 4 种虫态均可同时出现。以幼虫越冬,但稍一转暖,越冬幼虫又可活动,越冬幼虫于 3 月上旬开始结茧化蛹。雌蛾产卵于茧外或附近其他植物上,卵期在夏季为 6~9 天,冬季为 17~27 天。幼虫期夏季为 8~22 天,冬季为 24~61 天。蛹期夏季为 4~10 天,冬季为 15~25 天。每一世代经 40~50 天。幼虫孵化后群栖于寄主植物上为害,后再分散,严重时可将全部树叶吃光,但大发生后,寄生天敌较多,可将其抑制。

防治方法

1 利用黑光灯诱杀:于越冬代成虫羽化季节,即 3 月下旬至 4 月中旬诱杀雄蛾。

2 保护天敌:天敌种类有小茧蜂科的 *Apanteles colemani* Vier.、A. *liparidis*(Bouche)、*A. Posticae* Sonan、*A. ruverae* Porter;姬蜂科的 *Scenocharops flavipetiola* Sonan、*Dusona nigrifemur* Sonan、*Enicospilus striolatus* Townes、*Hyposoter posticae* Sonan、*Phobocamne posticae* Sonan、*Xanthopimpla punctata*(Fabricius);小蜂科的广大腿小蜂 *Brachymeria lasus*(Walker);寄蝇科的 *Exorista larvarum* L.、*Zenillia modicella* Wulp. 及家蚕追寄蝇等,此虫大发生期,天敌剧增,寄生率通常可达 50% 以上,可以摘茧存放在养虫笼中,等天敌成虫羽化时再加以利用。

3 化学防治:雌蛾不能飞翔,扩散能力较低,而且初龄幼虫又有群聚性,此时是进行农药防治的好时机,可用 30% 氯胺磷乳油 250 倍液或 25% 鱼藤精 300 倍液等进行防治。

肾毒蛾 *Cifuna locuples* Walker

别　　名	大豆毒蛾、肾纹毒蛾
分类地位	鳞翅目（Lepidoptera）毒蛾科（Lymantriidae）
寄主植物	油茶、茶、榆、榉、柳、柿、海棠、樱桃、紫藤、棉花、芦苇、绿豆、大豆、小豆等
分布地区	全国各地

· **为 害 症 状** ·

初孵幼虫集中在叶背取食叶肉，老熟幼虫在叶背结丝茧化蛹；成长幼虫分散为害，食叶成缺刻或孔洞，严重时仅留主脉。

· **形 态 特 征** ·

成虫：体长 15~20 毫米，翅展雄虫 34~40 毫米，雌虫 45~50 毫米，体色呈黄褐色至暗褐色，后胸和第 2、3 腹节背面各有一黑色短毛束，前翅有 1 条深褐色肾形横脉纹，微向外弯曲，内区布满白色鳞片，内线为 1 条内衬白色细线的褐色宽带，后翅淡黄带褐色。雌蛾体色比雄蛾稍深，触角长齿状，雌蛾触角羽状。

卵：半球形，淡青绿色。

幼虫：共 5 龄，老熟幼虫体长约 40 毫米，体色呈黑褐色，头部有光泽，上生褐色次生刚毛，亚背线和气门下线为橙黄色间断的线，前胸背板长有褐色毛，前胸背面两侧各有一黑色大瘤，上生向前伸的长毛束，其余各瘤褐色，上生白褐色毛，第 1~4 腹节背面有暗黄褐色短毛刷，第 8 腹节背面有黑褐色毛束，除前胸及第 1~4 腹节外的瘤上有白色羽状毛，胸足每节上方白色，跗节有褐色长毛。

蛹：长约 20 毫米，红褐色，背面有长毛，腹部前 4 节具灰色瘤状突起。

▲ 肾毒蛾幼虫

· **生活习性** ·

　　均以幼虫在油茶树中下部叶片背面越冬，翌年 4 月开始为害。卵期 11 天，幼虫期 35 天左右，蛹期 10~13 天。卵多产在叶背。初孵幼虫集中在叶背取食叶肉，成长幼虫分散为害，食叶成缺刻或孔洞，严重时仅留主脉。老熟幼虫在叶背结丝茧化蛹。

防治方法

1 利用灯光诱杀成虫。

2 春季采茧灭蛹。

3 幼虫期喷洒 100 亿孢子 / 毫升 Bt 乳剂 500 倍液或 48% 乐斯本乳油 3 500 倍液。

茶点足毒蛾 *Redoa phaeocraspeda* Collenette

分类地位 ▏鳞翅目（Lepidoptera）毒蛾科（Lymantriidae）
寄主植物 ▏油茶、茶
分布地区 ▏广东、浙江、福建、江西、湖南

· **为害症状** ·

　　幼虫孵化后多爬至叶背，取食下表皮和叶肉，残留上表皮；2 龄后即自叶缘蚕食成缺刻，幼虫稍成长即分散为害，在叶正面取食皮层和主脉。

· **形态特征** ·

　　成虫：翅展 28~37 毫米，头部茶色带赤褐色，下半部色浅；体和足白色，前足和中足胫节内侧基部有一暗棕褐色斑，跗节基部有一暗棕褐色斑，跗节后半部浅茶色。前翅白色，有光泽；横纹脉中央有一褐黑色小点，清晰；前翅前缘和翅顶角茶色。后翅污白色；前、后翅缘毛赤褐色，臀角白色。雌蛾与雄蛾相似，但触角基部、下唇须、头部、足和缘毛白色。

　　卵：卵块条状，呈上、下两列，质地硬，土黄色，外被毒毛。

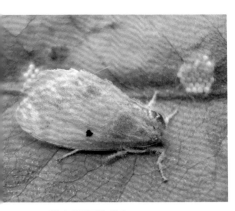

▲ 茶点足毒蛾成虫

▲ 茶点足毒蛾幼虫

卵粒浅灰色。

幼虫：老熟幼虫体长 30~46 毫米，棕红色。头部背面有细长毛束。胸足橙红色，末端有 1 对黑色小爪钩。第 1、2 腹节背面有 2 个毛瘤。第 3~7 腹节背面有背线，为双线，较粗为白色。亚背线黄色，气门上线和气门下线均有黄色毛瘤和细长毛束，散生。毛较长。腹部末节有不规则散状长毛。虫体毛束均为棕黄色。腹部背面第 6、7 节有灰白色翻缩腺。

蛹：茧土黄色外被毒毛，蛹黄棕色。

· 生 活 习 性 ·

一年 3~4 代，以卵块在油茶树中、下部老叶背面越冬，3 代区幼虫发生为害期为 4 月上旬至 5 月下旬、6 月下旬至 7 月下旬、8 月下旬至 10 月上旬。

防治方法

1 生物防治：在 1~2 龄幼虫期可用每克含 100 亿活孢子的杀螟杆菌或青虫菌喷雾，也可用每毫升含 100 亿茶毛虫核型多角体病毒，选择无风的阴天或雨后初晴时喷雾。

2 化学防治：在 3 龄幼虫前用 10% 氯氰菊酯乳油或 2.5% 氯氰菊酯乳油、10% 联苯菊酯乳油 3 000~5 000 倍液喷雾。

食叶类害虫

茶白毒蛾 *Arctornis alba*（Bremer）

别　　名｜白毒蛾、花毛虫、毒毛虫
分类地位｜鳞翅目（Lepidoptera）毒蛾科（Lymantridae）
寄主植物｜油茶、茶、柞树、榛等
分布地区｜全国各油茶产区

· **为害症状** ·

幼虫孵化后多爬至叶背，取食下表皮和叶肉，残留上表皮，呈枯黄色半透明不规则的斑块，2龄后即自叶缘蚕食成缺刻，幼虫稍成长即分散为害，在叶正面取食皮层和主脉。

· **形态特征** ·

成虫：体长12~15毫米，翅展34~44毫米。体、翅均白色，前翅稍带绿色，具丝缎样光泽，翅中央有一小黑点。触角羽毛状。腹部末端有白色毛丛。

卵：扁鼓形，淡绿色，直径1毫米左右，高0.5毫米左右。

幼虫：头红褐色，体黄褐色，每节有8个瘤状突起，上生黑褐色长毛及黑色和白色短毛。虫体腹面紫色或紫褐色。成长后体长30毫米左右。

蛹：长12~15毫米，浅绿色，圆锥形，较粗短，背中部微隆起，体背有2条白色纵线。尾端有1

▲ 茶白毒蛾幼虫

对黑色钩刺。

· **生 活 习 性** ·

成虫停息时翅平展叶面，受惊后即飞翔。雌蛾多在叶片正面产卵，一般 5~15 粒产在一起，少数散产。幼虫孵化后多爬至叶背，取食下表皮和叶肉，留上表皮，呈枯黄色半透明不规则的斑块，少数在叶面取食上表皮和叶肉。幼虫稍成长即分散为害，在叶正面取食皮层和主脉。中龄后咬食叶片成缺口。幼虫行动迟缓，受惊后即迅速弹跳逃避。幼虫老熟时，吐少量丝，缀结 2~3 片叶，以腹末钩刺倒挂化蛹于其中。

防治方法

1 人工防治：摘除幼虫、卵叶和蛹。

2 化学防治：可用 10% 二氯苯醚菊酯、2.5% 溴氰菊酯 6 000~8 000 倍液喷杀。

台湾黄毒蛾 *Porthesia taiwana* Shiraki

别　　名｜双线黄毒蛾
分类地位｜鳞翅目（Lepidoptera）毒蛾科（Lymantriidae）
寄主植物｜油茶、茶、芦笋、番茄、玉米、桃、蒲桃、梨、柑橘、番石榴、桑、杏、梅、柿、咖啡等
分布地区｜广东、台湾

· **为 害 症 状** ·

1~2 龄幼虫群集食叶成缺刻或孔洞，后分散为害叶、花蕾、花及果实；成虫群集吸食汁液。

· **形 态 特 征** ·

成虫：成虫体长 9~12 毫米，雌蛾较雄蛾大，头、触角、胸、前翅均黄色，复眼圆且赤，前胸背部、前翅内缘具黄色密生的细毛。触角羽状，前翅中央从前缘至内缘具白色横带 2 条，后翅内缘及基部密生淡黄色长毛，腹部末端有橙黄色毛块。

卵：球形，初产浅黄色，孵化前暗褐色，卵块呈带状，每块

20~80 粒，分成 2 排黏有雌虫黄色尾毛。

幼虫：橙黄色，体长 25 毫米，头褐色，体节上有毒毛，背部中央生有赤色纵线。

蛹：化蛹在丝质及鳞毛之茧内。蛹圆锥形，色浅具光泽。茧黄褐色。

· **生 活 习 性** ·

广东一年发生 8~9 代，周年可见各生长期个体。夏季 24~34 天、冬季 65~83 天完成 1 代。卵块带状，20~80 粒排列 2 行，其上附有黄色尾毛。6—7 月为发生盛期，卵期 3~19 天，幼虫期 13~55 天，蛹期 8~19 天，初孵幼虫群栖于植株上，3 龄后逐渐分散。成虫有趋光性。

▲ 台湾黄毒蛾幼虫

防治方法

1　利用黑光灯诱杀成虫。

2　幼虫期尤其是 5 月上中旬喷施 20% 除虫脲悬浮剂 7 000 倍液或 1.2% 烟参碱 2 000 倍液。

盗毒蛾 *Porthesia similis*（Fueszly）

别　　名	桑斑褐毒蛾、纹白毒蛾、桑毒蛾、黄尾毒蛾、桑毛虫
分类地位	鳞翅目（Lepidoptera）毒蛾科（Lymantriidae）
寄主植物	油茶、李、海棠、樱桃、悬铃木、柳、榆、构树、泡桐、刺槐、枣、核桃、重阳木等
分布地区	东北、华北、华东、华中、华南、西南及陕西

· **为害症状** ·

初孵幼虫群集在寄主植物叶背面取食叶肉，叶面现成块透明斑，3龄后分散为害形成大缺刻，仅剩叶脉；人体接触毒毛，常引发皮炎，有的造成淋巴发炎。

· **形态特征** ·

成虫：雌虫体长18~20毫米，雄虫体长14~16毫米，翅展30~40毫米；体白色，前翅零星散落浅褐色斑点，后缘有黑褐色斑0~2个；腹末端有金黄色毛。

卵：直径0.6~0.7毫米，半球形，中央凹陷，橘黄色或淡黄色，成堆，上覆盖黄褐色绒毛。

幼虫：体长30~40毫米；体黑色，头黑色，背线橘红色，亚背线白色呈点线状，前胸两侧有红色毛簇1对，每节有红色点1个，气门上线黄色，每节红斑1块，气门下线黄色，每节有橘红色瘤1个，上有黄褐色刚毛，黄色腹线两侧有不规则的橘红色斑点，第1~8腹节各节背线两侧黑色毛瘤1对，上有黑褐色长毛，第9腹节背面有红瘤4个，上有基部黑色的棕短毛。

蛹：长约10毫米，深褐色；茧黄色，薄，有毒毛。

· **生活习性** ·

内蒙古大兴安岭一年发生1代，辽宁、山西一年发生2代，上海3代，华东、华中一年发生3~4代，贵州4代，珠江三角洲6代，主要以3龄或4龄幼虫在枯叶、树杈、树干缝隙及落叶中结茧越冬。第1、2、3代幼虫为害高峰期主要在6月中旬、8月上中旬和9月上中旬，10月上旬前后开始结茧越冬。成虫白天潜伏在中下部叶背，傍晚飞出活动、交尾、产卵，把卵产在叶背，形成长条形卵块。成虫寿命7~17天。每雌产卵149~681粒，卵期

4~7 天。幼虫蜕皮 5~7 次，历期 20~37 天，越冬代长达 250 天。初孵幼虫喜群集在叶背啃食为害，3~4 龄后分散为害叶片，有假死性，老熟后多卷叶或在叶背树干缝隙或近地面土缝中结茧化蛹，蛹期 7~12 天。

▲ 盗毒蛾幼虫

防治方法

防治方法同台湾黄毒蛾。

茶黄毒蛾 *Euproctis pseudoconspersa* Strand

别　　名	茶毒蛾、茶毛虫
分类地位	鳞翅目（Lepidoptera）毒蛾科（Lymantriidae）
寄主植物	油茶、茶、柑橘、樱桃、柿、枇杷、梨、乌桕、油桐、玉米等
分布地区	江苏、浙江、安徽、福建、江西、湖北、湖南、广东、广西、四川、贵州、云南、西藏、陕西、甘肃、台湾、香港

· 为 害 症 状 ·

幼虫在 3 龄前常十头至百余头群集一起食叶肉，3 龄以后成群迁至油茶树上部，分散为害，取食全叶。

· 形 态 特 征 ·

成虫：翅展雄虫 20~26 毫米，雌虫 30~35 毫米。雄蛾前、后翅棕褐色，稀布黑色鳞片；前翅前缘橙黄色；顶角和臀角各有一橙黄色斑；顶角黄斑内有 2 个黑色圆点；内线橙黄色，微波浪形，外弯；外线橙黄色，从前缘外伸至 M3 脉后折角内斜至后缘；缘毛橙黄色。雌蛾体黄褐色；前翅浅橙黄色或黄褐色，除前翅前缘、顶角和臀角外，稀布黑褐色鳞片；顶角黄斑内有 2 个黑色圆点。后翅浅橙黄色或浅黄褐色，外缘和缘毛橙黄色。非越冬代的雄蛾与雌蛾外部形态相同。

卵：直径 0.8 毫米左右；扁圆形，淡黄色，卵块椭圆形，被雌蛾腹末体毛。

幼虫：体长 10~25 毫米；头部黄棕色，有褐色小点，有光泽；体黄棕色；亚背线为棕褐色宽带（除胸部各节外），在第 1~8 腹节的亚背线上有褐黑色绒样瘤，其上生有黄白色长毛；气门上线棕褐色，其上生有黑褐色小绒样瘤，瘤上有黄白色长毛。

蛹：长 8~12 毫米；黄褐色，有光泽，被黄褐色细毛；臀棘末端有 20 余根小钩；茧薄，土黄色。

· 生 活 习 性 ·

在浙江、江苏、安徽、四川、贵州、陕西等地一年发生 2 代，江西、湖南、广西一年发生 3 代，福建一年发生 3~4 代；发生较整齐，无世代交替现象；以卵越冬，越冬卵多产于树冠中下层、1 米以下的萌芽枝条或叶片的背面，3 月中下旬越冬卵孵化，一般在早上到中午间孵化率最高，幼虫在 3 龄前常十头至百余头群集一起食叶肉，3 龄以后成群迁至油茶树上部，分散为害，取食全叶，受惊后即吐丝下落，在蜕皮前常吐丝结网群集在下部叶背、茎干上或根际部。幼虫怕光和高温，中午幼虫常成群下树或吐丝下垂至地面阴凉处或树下部荫蔽处，下午 16：00 左右上树为害，老熟幼虫于 5 月中旬群集树下在枯枝落叶层下、根际附近松土表层下 1.5~10.0 毫米处或树干裂隙中化蛹；常常 2~10 蛹缀连在一起，5 月下旬开始羽化，羽化一般多在午后到黄昏间，雄蛾比雌蛾提前 1~2 天羽化，非越冬卵多产于寄主植物叶背面、枝叶茂密处、树干向阴面，每一卵块由 50~300 粒卵组成，上被黄色茸毛，6 月中旬第 1 代幼虫孵化，7 月中旬开始化蛹，8 月上旬羽化；8 月中旬第 3 代幼虫孵化，9 月下旬化蛹，10 月中下旬羽化。

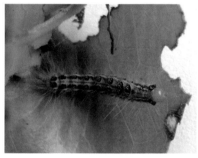

▲ 茶黄毒蛾幼虫

防治方法

1 捕杀低龄幼虫：初龄幼虫有吐丝下垂的习性，群集性强，被害状明显，将枯黄或灰白色膜质被害叶片摘掉，将幼虫杀死。

2 用鱼藤精喷杀幼虫，用 25% 鱼藤酮 100 克加水 50~60 千克，再加 0.1%~0.3% 肥皂，杀虫率可达 90% 以上；或用木姜子液毒杀幼虫，用成熟木姜子（樟木科）1 份、水 5~10 份，煮沸 1 小时，至药液煮成黑褐色时，磨细木姜子，过滤成药液。

3 夏季可用青虫菌、杀螟杆菌或两种菌剂混合使用，也可利用未交尾的雌蛾引诱雄蛾。

4 保护和利用天敌：捕食性天敌有椿象、步行虫、螳螂、螳螂、蜘蛛等；病原微生物有细菌性软化病；寄生性天敌有茶毛虫绒茧蜂、毒蛾绒茧蜂、茶毛虫瘦姬蜂、茶毛虫黑卵蜂、日本黄茧蜂、寄蝇。

茶蓑蛾 *Clania minuscula* Butler

别　　名 | 茶袋蛾、小窠蓑蛾
分类地位 | 鳞翅目（Lepidoptera）蓑蛾科（Psychidae）
寄主植物 | 油茶、茶、柑橘、苹果、樱桃、李、杏、桃、梅、葡萄、桑、枇杷、柿等
分布地区 | 山东、山西、陕西、江苏、浙江、安徽、江西、贵州、云南、福建、台湾、湖北、湖南、广东、广西、四川

· 为 害 症 状 ·

　　幼虫在护囊中咬食叶片、嫩梢或剥食枝干、果实皮层，1~2龄幼虫咬食叶肉，留下一层表皮，被害叶片形成半透明枯斑；3龄后咬食成孔洞或缺刻，甚至仅留主脉。该虫喜集中为害。

· 形 态 特 征 ·

　　成虫：成虫雌雄异形，雌虫蛆状，无翅，体长 12~16 毫米，黄褐色，足退化，胸腹部黄白色；头小，褐色；腹部肥大，后胸和腹部第 7 节各簇生一环黄白色绒毛。雄虫体长 11~15 毫米，翅展23~30 毫米，体翅均深褐色，触角呈双栉状，胸部、腹部具鳞毛；前翅翅脉两侧色略深，外缘近翅尖处有 2 个透明斑。

　　卵：长椭圆形，乳黄白色。

　　幼虫：体肥大，头黄褐色，两侧有暗褐色斑纹并列；胸腹部肉黄色，胸部各节的硬皮板侧面

▲ 茶蓑蛾护囊之一

上方有 1 条褐色纵纹，下方各有1 个褐色斑。

　　蛹：雄为被蛹，雌为围蛹，体长 11~18 毫米，黑褐色。护囊中型，囊外缀结纵向平行排列长短不一的小枝梗。

· 生 活 习 性 ·

　　一年 1~3 代，多以 3~4 龄幼虫，个别以老熟幼虫在枝叶上的护囊内越冬。成虫在下午羽化，雌成虫羽化后仍留在护囊内，雄蛾喜在傍晚或清晨活动，靠性引诱物质寻找雌蛾，找到雌虫后将腹部插入护囊进行交尾，雌蛾羽化翌日即可交配，交尾后 1~2 天产卵，雌虫产卵于囊内蛹壳中，每雌平均产卵 676 粒，个别高达 3 000 粒，雌虫产卵后干缩死亡。幼虫孵化后从护囊排泄孔爬出，随风飘散到枝叶上，吐丝黏缀碎叶营造护囊并开始取食。1~3 龄幼虫多数只食下表皮和叶肉，留上表皮成半透明黄色薄膜，3 龄后咬食叶片成孔洞或缺刻。幼虫老熟后在护囊里倒转虫体化蛹在其中。

▲ 茶蓑蛾护囊之二

防治方法

1 人工摘除护囊。

2 利用黑光灯诱杀成虫。

3 保护天敌，如蓑蛾疣姬蜂、松毛虫疣姬蜂、桑蟥疣姬蜂、大腿蜂、小蜂等；提倡喷洒每毫升含 1 亿活孢子的杀螟杆菌或青虫菌进行生物防治。

4 幼虫期喷洒灭幼脲 3 号悬浮剂 2 000 倍液、除虫脲悬浮剂 7 000 倍液或 1.2% 烟参碱 1 000 倍液。

大蓑蛾 *Clania variegata* Snellen

别　　名	大袋蛾、大窠蓑蛾、南大蓑蛾、大背袋虫
分类地位	鳞翅目（Lepidoptera）蓑蛾科（Psychidae）
寄主植物	油茶、茶、枫杨、刺槐、柑橘、咖啡、枇杷、梨、桃、法国梧桐等
分布地区	江苏、浙江、山东、天津、安徽、福建、河南、湖南、湖北、四川、云南、江西、福建、广东、台湾

· **为害症状** ·

以幼虫在护囊中咬食叶片、嫩梢或剥食枝干、果实皮层，吐丝缀叶成囊，躲藏其中，头伸出囊外取食。

· **形态特征** ·

成虫：成虫雌雄异型，雌成虫无翅，蛆状，乳白色至乳黄色；头极小，淡赤褐色，胸部和第1腹节侧面有黄色毛，第7腹节后缘有黄色短绒毛。雄成虫翅展35~44毫米，体翅暗褐色，密披绒毛；触角羽状；前后翅褐色，近外缘有4~5个透明斑。

卵：近圆球形，初为乳白色，

▲ 大蓑蛾幼虫及其为害症状

▲ 大蓑蛾幼虫蓑囊

后变为淡黄棕色，有光泽。

幼虫：初孵幼虫体扁圆形；老熟幼虫，雌虫黑色，体粗大；雄虫黄色，较小。头部黑褐色，各缝线白色；胸部褐色有乳白色斑；腹部淡黄褐色。

蛹：黑褐色，有光泽。护囊粗大，丝质，质地坚实，囊外缀附较大的碎叶，很少有枝梗。

· **生 活 习 性** ·

该虫一年发生 1 代，少数发生 2 代。以老熟幼虫在虫囊内越冬。5 月上旬化蛹，5 月中下旬羽化，成虫有趋光性，昼伏夜出，雌成虫经交配后在囊内产卵，6 月中、下旬幼虫孵化，随风吐丝扩散，取食叶肉。该虫喜高温、干旱的环境，所以在高温干旱的年份里为害猖獗。幼虫耐饥性较强。

防治方法

1　人工摘除虫囊。

2　利用黑光灯诱杀雄成虫。

3　保护和利用寄生蜂及病毒天敌，如南京瘤姬蜂、大袋蛾黑瘤姬蜂、费氏大腿蜂、瘤姬蜂、黄瘤姬蜂和袋蛾核型多角体病毒等。

4　喷施除虫脲悬浮剂 7 000 倍液。

螺纹蓑蛾 *Clania crameri* Westwood

别　　名	蟥纹蓑蛾
分类地位	鳞翅目（Lepidoptera）蓑蛾科（Psychidae）
寄主植物	油茶、桉树、木麻黄、马尾松、油桐、八角、肉桂、乌桕、板栗、紫荆木、黄榄、蝴蝶果、柿、木荷、湿地松、杉、重阳木、黄梁木、黄檀、八宝树等
分布地区	广东、广西、海南、江西、福建、湖南、陕西

· 为 害 症 状 ·

　　低龄幼虫啃食叶肉，残留外表皮，使受害叶呈现半透明状不规则斑块；2龄后幼虫把叶片吃成孔洞或缺刻，有时残留主脉，甚至取食嫩枝树皮及幼果；虫口密度很大时，可将整株或局部林分的树叶吃光，影响林木生长。

· 形 态 特 征 ·

　　成虫：雌雄异型，雌虫无翅，体长11毫米，乳白色，似蛆形，足退化，体壁薄；雄蛾体长9~10毫米。

　　幼虫：老熟幼虫体长6~8毫米，头暗褐色，体黄褐色，胸部背面骨化强，具棕色斑纹，腹部各节有横皱。

　　蛹：护囊长30~40毫米，略呈圆锥形，护囊丝织外层用丝缀结小枯枝梗织成，每条枝梗的长短、排列方向颇为一致，呈有规律的螺旋状，成4次转折，故得

▲ 螺纹蓑蛾护囊之一

▲ 螺纹蓑蛾护囊之二

其名。

· **生 活 习 性** ·

每年发生 1 代，以 2~4 龄幼虫在护囊内越冬。翌年 3 月天气回暖后恢复取食活动，7—8 月化蛹，8 月上旬至下旬为成虫羽化期和产卵期，8 月中旬至 9 月下旬幼虫孵化，取食为害至 11 月以后陆续进入越冬状态。最后一次蜕皮化蛹，蛹头向着排粪孔，以利于成虫羽化后爬出袋囊。雌虫羽化后仍留袋内，雄虫羽化后，翌日早晨或傍晚交配，雄成虫交尾时将尾部插入雌虫囊内。雌成虫产卵于蛹壳内，并将尾端绒毛覆盖在乱堆上。每雌产卵 100~200 粒。卵期 15~18 天，孵化后的幼虫从排粪孔爬出，吐丝下垂，随风飘扬至其他树枝上。幼虫取食嫩叶嫩枝表皮，上午 10：00 取食最为旺盛，并吐丝缠身织囊，取食时以头部伸出囊外，并负囊而行，寻觅食物。越冬前将袋囊以丝缠牢固定于枝上，袋口用丝封闭越冬。

防治方法

1 人工摘除蓑囊：在幼虫分散前摘除蓑囊，踩死或烧毁；小幼虫群集为害时剪除虫枝，集中烧毁。

2 保护利用天敌：天敌主要有白僵菌、病毒（如 NPV、CVSHPV 等）、小蜂、姬蜂、寄生蜂、寄生蝇、蚂蚁、蜘蛛、鸟类等。

3 生物制剂防治：蓑蛾幼虫多在早晚取食为害，在害虫低龄幼虫阶段，早晚喷洒 1~2 亿芽孢/毫升青虫菌液、杀螟杆菌液或苏云金杆菌液（3.5 亿芽孢/克）等 1 000 倍液。

4 化学防治：在害虫低龄幼虫期，可用 2.5% 溴氰菊酯乳油 2 000~3 000 倍液进行喷雾防治。

桉蓑蛾 *Acanthopsyche subferalbata* Hampson

别　　名	小蓑蛾、小袋蛾
分类地位	鳞翅目（Lepidoptera）蓑蛾科（Psychidae）
寄主植物	油茶、茶、桉树、油桐、马尾松、木麻黄、杉木、悬铃木等
分布地区	广西、广东、海南、福建、台湾、浙江、江苏、安徽、江西、湖北、湖南、贵州、四川

食叶类害虫

· 为 害 症 状 ·

初龄幼虫啃食叶肉、残留外　表皮，使受害叶片呈半透明不规则斑；2龄以后幼虫把叶片吃成

▲ 桉蓑蛾护囊

孔洞或缺刻，有时仅留叶脉；大发生时，可将整树叶片吃成千疮百孔甚至吃光树叶，影响林木生长。

· **形态特征** ·

成虫：雄蛾体长 3~5 毫米；翅展 12~18 毫米；头、胸和腹部黑棕色，被白毛；前后翅浅黑棕色，后翅背面浅蓝白色，有光泽。雌成虫蛆状，无翅无足，体长 5~8 毫米，黑褐色，头小，胸部略弯。

卵：长约 0.6 毫米，椭圆形，米黄色。

幼虫：老熟幼虫体长 6~9 毫米，头部淡黄色，散布深褐色斑点；各胸节背板有深褐色斑 4 个，有时前后相连成 4 条纵带；腹部乳白色。

护囊：小型，雌囊长 15~20 毫米，雄囊长 8~16 毫米，灰褐色，外表黏附叶屑、树皮屑或碎片。

· **生活习性** ·

广东等南方地区一年发生 3 代，以老熟幼虫越冬；翌年 3 月化蛹，4 月上旬成虫羽化，4 月中、下旬为第 1 代幼虫孵化盛期，6 月上旬化蛹。第 2 代幼虫孵化盛期在 6 月下旬至 7 月上旬，8 月上旬化蛹。第 3 代幼虫孵化盛期为 8 月下旬至 9 月上旬，幼虫取食为害至 11 月中、下旬陆续进入越冬期。

防治方法

1 人工摘除虫囊。

2 利用黑光灯诱杀雄成虫。

3 保护和利用寄生蜂及病毒天敌，如南京瘤姬蜂、大袋蛾黑瘤姬蜂、费氏大腿蜂、瘤姬蜂、黄瘤姬蜂和袋蛾核型多角体病毒等。

4 喷施除虫脲悬浮剂 7 000 倍液。

褐蓑蛾 *Mahasena colona* Sonan

别　　名	茶褐背袋虫
分类地位	鳞翅目（Lepidoptera）蓑蛾科（Psychidae）
寄主植物	茶、油茶、油桐、樟树、扁柏、刺槐等
分布地区	江苏、浙江、安徽、江西、福建、湖南、湖北、河南、广东、海南、广西、贵州、云南、四川、山东、台湾

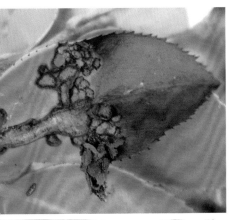

▲ 褐蓑蛾护囊及其为害症状

· 为 害 症 状 ·

幼虫负囊取食叶片，幼虫在护囊中咬食叶片、嫩梢或剥食枝干、果实皮层，1~2龄幼虫咬食叶肉，留下一层表皮，被害叶片形成半透明枯斑；3龄后咬食成孔洞或缺刻，甚至仅留主脉。

· 形 态 特 征 ·

成虫：雄蛾体长约15毫米，翅展24毫米，体翅褐色，腹部有金属光泽，翅面无斑纹。雌成虫蛆状，体长约15毫米，头淡黄色，体乳黄色。

卵：椭圆形，乳黄色。

幼虫：老熟幼虫体长18~25毫米，头褐色，散生黑褐色斑纹，各胸节背板淡黄色，背侧上下有不规则黑斑2块，腹部黄褐色。

蛹：雌蛹圆筒形，两端赤褐色，尾端有刺3枚；雄蛹长椭圆形，深褐色，翅芽伸达第3腹节中部，第2至第5腹节背面后缘有一横列细毛，第8腹节背面前缘一横列小刺，尾部弯曲，臂刺二分叉。幼虫成长时护囊长25~40毫米，粗大，似倒宝塔形，枯褐色，丝质，疏松，囊外缀附众多的碎叶片，略呈鱼鳞状松散重叠。

· **生 活 习 性** ·

褐蓑蛾以幼虫在护囊内越冬，各地均每年发生1代。越冬幼虫在6月上旬开始化蛹，蛹于6月中旬开始羽化，雌成虫6月中旬即开始产卵，卵在6月下旬开始孵化，幼虫一般在11月进入越冬期。褐蓑蛾幼虫大多栖居在油茶树中、下部，比较隐蔽，当遇到高温时，常群集在油茶树根颈处。

刚从护囊中爬出的幼虫，立即在母体护囊上寻找适当的场所结织护囊，60~90分钟后，护囊结好，稍停即从母体护囊上分散活动，开始独立生活。幼虫活动范围较窄，且开始有向上爬的习性，所以幼虫集中的上部叶片边缘吐丝多，称"白色"边缘。幼虫畏强光，大多是在油茶树的中、下部取食，群集活动。1~4龄幼虫只取食油茶叶肉，残留叶片的上表皮或下表皮；5龄后幼虫把叶片食成缺刻或孔洞，或部分留有表皮。10月下旬后，以7龄幼虫在油茶树基部群集越冬，翌年3月下旬越冬幼虫开始活动，并渐向上移动，取食叶片，在食料不足的情况下，越冬后幼虫则取食嫩梢或取食树枝的表皮，造成枝条生长瘦弱或枯死。就幼虫的结囊习性来说，1~3龄幼虫结囊时从囊口逐渐加大；3龄后，幼虫则开始用较大的叶片来贴补扩大护囊，首先把护囊系于叶片的中部，然后在护囊的中、上部开一孔，将身体的大部分从孔中露在外面，把要做护囊的叶片部分呈弧形或直线形用牙咬掉（现已用丝连接在护囊上），最后把咬掉部分用丝合理地黏结在开孔处的护囊上。所结护囊较薄而且松散，似鱼鳞状排列。幼虫昼夜均取食，晚秋和早春则在8：00后开始活动取食。进入预蛹期的幼虫，将身体倒转，3~6天后变为蛹，蛹初为浅黄色，后变成红褐色。

防治方法

防治方法同大蓑蛾。

窃达刺蛾 *Darna trima*（Moore）

分类地位｜鳞翅目（Lepidoptera）刺蛾科（Limacodidae）
寄主植物｜油茶、茶、樟树、米老排、石梓、火力楠、桂花、木荷、重阳木、香梓楠、楠木、柑橘、核桃、柿等
分布地区｜福建、广东、广西、湖南、浙江、安徽、江西、贵州、云南、台湾

· 为 害 症 状 ·

　　以幼虫取食叶片，大发生时可吃光寄主植物叶片，虽不致死，但严重影响生长发育。

· 形 态 特 征 ·

　　成虫：雌蛾体长 8~10 毫米，翅展 18~22 毫米，触角丝状；雄蛾体长 7~9 毫米，翅展 16~22 毫米，触角羽毛状。头部灰色，复眼大，黑色；胸部背面有几束灰黑色长毛，腹部被有细长毛。前翅灰褐色，有 5 条明显的黑色横纹，后翅暗灰褐色。

　　卵：淡黄色，椭圆形，质软，长径 1.2~1.3 毫米，短径 0.8~0.9

▲ 窃达刺蛾幼虫

毫米。

幼虫：低龄幼虫体背棕褐色，腹面淡黄绿色，亚背线淡棕色。老熟幼虫体长 12~16 毫米，体扁平，鞋底形，胸部最宽，可达 5 毫米，向体后端逐渐缩小。头小，淡褐色，缩入前胸。体背面褐色，腹面橘红色；前胸盾黑色，后胸背两枝刺之间有黑斑；背线淡褐色；亚背线部位着生 10 对枝刺，棕色；中胸上的 1 对枝刺较大，上生棕褐色刺毛，其余枝刺上的刺毛基部及端部黑色，中段白色；亚背线部位尚有黑斑多个；体两侧尚具有枝刺 10 对，第 1、2 对为棕褐色，第 3 对及第 8 对为黑色，其余枝刺均白色透明；腹部第 3~6 节体侧及腹末白色，腹末有 2 个黑斑，对称排列。

蛹：茧卵圆形，灰褐色，坚硬，长 8~10 毫米，宽 6~8 毫米，茧壳上附有黄色毒毛。蛹体端半部乳白色，基半部棕褐色。除翅外，其余附肢白色。

· 生活习性 ·

在广东一年发生 3 代，以幼虫在叶背面越冬。第 1 代发生在 5—8 月，第 2 代发生在 8—10 月，越冬代 11 月至翌年 5 月。成虫白天喜栖息在阴凉的灌木丛中，晚上活跃，有趋光性。刚孵化的幼虫只取食叶表皮，把叶咬成透明的小洞，随着虫龄的增长，最后把叶片吃光，再向其他地方转移。化蛹前一天停止取食，爬到树根上方及附近的枯枝落叶层中化蛹。化蛹时，虫体逐渐变红，其中背面变成紫红色，腹面变成桃红色，身体逐步卷缩，并吐棕黄色的丝和分泌黏液，黏结成茧。成虫羽化前，蛹活动剧烈，羽化后成虫将茧咬开一个圆盖钻出。越冬幼虫以南坡及西南坡为多。

防治方法

1 保护天敌，寄生性天敌有小室姬蜂、凹面长距姬小蜂。

2 幼虫发生严重时喷施 Bt 乳剂 600 倍液、1.2% 烟参碱乳油 1 000 倍液。

黄刺蛾 *Cnidocampa flavescens*（Walker）

别　　名 | 茶树黄刺蛾、洋辣子、八角钉、火辣子
分类地位 | 鳞翅目（Lepidoptera）刺蛾科（Limacodidae）
寄主植物 | 油茶、茶、枣、核桃、柿、枫杨、苹果等
分布地区 | 我国除宁夏、新疆、贵州、西藏目前尚无记录外，几乎遍
布其他省区

· 为害症状 ·

以幼虫为害，可将叶片吃成很多孔洞、缺刻或仅留叶柄、主脉，严重影响树势和果实产量。

· 形态特征 ·

成虫：雌蛾体长15~17毫米，翅展35~39毫米；雄蛾体长13~15毫米，翅展30~32毫米。体橙黄色。前翅黄褐色，自顶角

▲ 黄刺蛾幼虫及其为害症状

有 1 条细斜线伸向中室，斜线内方为黄色，外方为褐色；在褐色部分有 1 条深褐色细线自顶角伸至后缘中部，中室部分有 1 个黄褐色圆点。后翅灰黄色。

卵：扁椭圆形，一端略尖，长 1.4~1.5 毫米，宽 0.9 毫米，淡黄色，卵膜上有龟状刻纹。

幼虫：老熟幼虫体长 19~25 毫米，体粗大。头部黄褐色，隐藏于前胸下。胸部黄绿色，体自第 2 节起，各节背线两侧有 1 对枝刺，以第 3、4、10 节的为大，枝刺上长有黑色刺毛；体背有紫褐色大斑纹，前后宽大，一中部狭细成哑铃形，末节背面有 4 个褐色小斑；体两侧各有 9 个枝刺，体例中部有 2 条蓝色纵纹，气门上线淡青色，气门下线淡黄色。

蛹：被蛹，椭圆形，粗大。体长 13~15 毫米。淡黄褐色，头、胸部背面黄色，腹部各节背面有褐色背板。

茧：椭圆形，质坚硬，黑褐色，有灰白色不规则纵条纹，极似雀卵，与蓖麻子无论大小、颜色、纹路几乎一模一样，茧内虫体金黄。

· **生 活 习 性** ·

成虫夜间活动，趋光性不强。雌蛾产卵多在叶背，卵单产或数粒在一起。每雌产卵 49~67 粒，成虫寿命 4~7 天。幼虫多在白天孵化，初孵幼虫先食卵壳，然后取食叶下表皮和叶肉，剥下上表皮，形成圆形透明小班，隔 1 天后小班连接成块；4 龄时取食叶片形成孔洞；5~6 龄幼虫能将全叶吃光仅留叶脉。幼虫共 7 龄，幼虫老熟后在树枝上吐丝作茧。茧开始时透明，可见幼虫活动情况，后凝成硬茧；茧初为灰白色，不久变褐色，并露出白色纵纹。结茧的位置：在高大树木上多在树枝分叉处，苗木则结于树干上。

防治方法

1 人工摘除越冬虫茧。

2 保护天敌紫姬蜂、广肩小蜂。

3 幼虫发生期喷洒 20% 除虫脲悬浮剂 7 000 倍液、Bt 乳剂 500 倍液。

茶银尺蠖 *Scopula subpunctaria*（Herrich-Schaeffer）

别　　名	青尺蠖、小白尺蠖
分类地位	鳞翅目（Lepidoptera）尺蛾科（Geometridae）
寄主植物	油茶、茶
分布地区	安徽、江苏、湖北、湖南、贵州、福建、浙江、广东

· **为 害 症 状** ·

　　幼虫多栖息于嫩叶背面咀食叶片，留下上表皮，形成透明斑，3龄后蚕食叶缘成缺刻，严重时将叶片全部食光，仅留主脉。

· **形 态 特 征** ·

　　成虫：雌虫体长12~13毫米，翅展3l~36毫米。体翅白色，前翅有4条淡棕色波状横纹，近翅中央有一棕褐色点，翅尖有2个小黑点；后翅有3条波状横纹，翅中央也有一棕褐色点。雌虫触角丝状，雄虫双栉齿状。

　　卵：椭圆形，长径约0.8毫米，黄绿色，表面布满白点，呈六角形图案排列。

　　幼虫：初孵幼虫淡黄绿色，体长约2毫米；2~3龄幼虫深绿色，体长分别为6~10毫米、10~16毫米；4龄幼虫青色，气门线银白色，体背有黄绿色和深绿色纵向条纹各10条，各体节间出现黄白色环纹，体长16~22毫米；5龄幼虫与4龄幼虫相似，但腹足和尾足淡紫色，体长

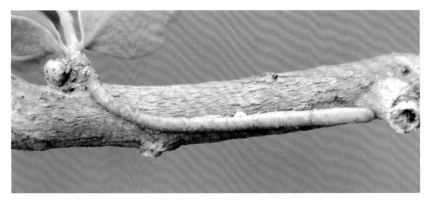

▲ 茶银尺蠖幼虫

22~27 毫米。

蛹：长椭圆形，长 10~14 毫米，绿色，尾端有 4 根钩刺，中间 2 根较长。

· **生 活 习 性** ·

成虫趋光性强，卵散产，多产于油茶树枝梢叶腋和腋芽处，每处 1 粒至数粒。卵孵化不整齐，同一天产的卵先后孵化相差 3 天左右。幼虫共 5 龄，老熟时在树冠中部叶片或枝叶间吐丝将叶片或枝叶稍结缀，后化蛹于其中。

茶银尺蠖幼虫孵出后，幼虫吐丝下垂随风扩散为害，以幼虫孵化后就近食叶，1~2 龄在嫩叶叶背取食叶肉，3 龄后蚕食叶缘成缺刻，4 龄后食量增大，咀食全叶，仅留主脉和叶脉。

防治方法

1 诱杀成虫，在成虫发生期，每天夜晚用电灯诱蛾。

2 幼虫发生期，喷洒 20% 除虫脲悬浮剂 7 000 倍液。

丝绵木金星尺蛾 *Calospilos suspecta* Warren

别　　名｜大叶黄杨尺蛾
分类地位｜鳞翅目（Lepidoptera）尺蛾科（Geometridae）
寄主植物｜油茶、丝绵木、卫矛、大叶黄杨、杨、柳、榆、槐等
分布地区｜华南、华北、中南、华东、西北、东北等地

· **为 害 症 状** ·

食叶害虫，常暴发成灾，短期内将叶片全部吃光，引起小枝枯死。

· **形 态 特 征** ·

成虫：体长 13~15 毫米，翅展 37~43 毫米；翅底色银白，具淡灰色及黄褐色斑纹，前翅外缘有 1 行连续的淡灰色纹，外横线成 1 行淡灰色斑，上端分叉，下端有 1 个红褐色大斑；中横线不成行，在中室端部有 1 个大灰斑，斑中有 1 个圆形斑。翅基有 1 深

▲ 丝棉木金星尺蛾幼虫（上）及成虫（下）

黄、褐、灰三色相间花斑；后翅外缘有1行连续的淡灰斑，外横线成1行较宽的淡灰斑，中横线有断续的小灰斑。斑纹在个体间略有变异。前后翅开展时，后翅上的斑纹与前翅斑纹相连接，似由前翅的斑纹延伸而来。前后翅背面的斑纹同正面，唯无黄褐色斑纹。腹部金黄色，有由黑斑组成的条纹9行，后足胫节内侧无丛毛。雄虫体长10~13毫米，翅展32~38毫米；翅上斑纹同雄虫；腹部亦为金黄色，有由黑斑组成

的条纹7行，后足胫节内有1丛黄毛。

卵：椭圆形，长0.8毫米，宽0.6毫米，卵壳表面有纵横排列的花纹。初产时灰绿色，近孵化时呈灰黑色。

幼虫：老熟幼虫体长28~32毫米；体黑色，刚毛黄褐色，头部黑色，前胸背板黄色，有3个黑色斑点，中间的为三角形。背线、亚背线、气门上线、亚腹线为蓝白色，气门线、腹线黄色较宽；臀板黑色，胸部及腹部第6节以后的各节上有黄色横条纹。胸足黑色，基部淡黄色。腹足趾钩为双序中带。

蛹：纺锤形，长9~16毫米，宽3.5~5.5毫米，初化蛹时头、腹部黄色，胸部淡绿色，后逐渐变为暗红色；腹端有1分叉的臀刺。

· **生活习性** ·

一年发生4代，以蛹在土深2~3厘米处越冬。翌年3月中下旬越冬成虫羽化，5月下旬为羽化盛期，第1代成虫5月下旬至7月上旬发生，第2代成虫7月中旬至9月上旬发生，第3代成虫9月中旬至10月中旬发生。10月下旬以第4代老熟幼虫入土化蛹越冬。成虫多在夜间羽化，

白天较少，有较强的趋光性，白天栖息于树冠、枝、叶间，遇惊扰作短距离飞翔，夜间活动。成虫无补充营养习性，一般于夜间交尾，少数在白天进行，持续6~7小时，不论雌雄成虫一生均只交尾1次。交尾分离后于当天傍晚即可产卵，多成块产于叶背，沿叶缘成行排列，少数散产。每雌产卵2~7块，每块有卵1~195粒，平均每雌产卵（258±113）粒，遗腹卵（15±9）粒。

幼虫共5龄，初龄幼虫活泼，迅速爬行扩散寻找嫩叶取食，受惊后立即吐丝下垂，可飘移到周围枝条上。幼虫在背光叶片上取食，1~2龄幼虫取食嫩叶叶肉，残留上表皮，或咬成小孔，有时亦取食嫩芽；3龄幼虫从叶缘取食，食成大小不等的缺刻；4龄幼虫取食整个叶片仅留叶柄；5龄幼虫不仅可取食叶柄，还可啃食枝条皮层和嫩茎。幼虫昼夜取食，每次蜕皮均在3：00—9：00进行，往往蜕皮后幼虫食尽蜕下的皮屑，仅留下硬化的头壳。幼虫老熟后大部沿树干下爬到地，少数吐丝下坠落地，而爬行到树干基部周围疏松表土3厘米中或地被物下化蛹，经2~3天预蛹期，最后蜕皮为蛹。

防治方法

1 人工防治：加强冬季修剪、松土灭蛹；利用吐丝下垂习性，可振落收集幼虫捕杀。

2 利用黑光灯诱杀成虫，人工摘除卵块。

3 生物防治：幼虫发生期，喷洒青虫菌液，每克含孢子100亿的可湿性粉剂100倍液，杀虫效果达85%以上。

4 化学防治：幼虫发生期，喷洒20%除虫脲悬浮剂7 000倍液。

油桐尺蛾 *Buzura suppressaria* Guenee

别　　名｜油桐尺蠖、大尺蠖、大尺蛾、拱背虫
分类地位｜鳞翅目（Lepidoptera）尺蛾科（Geometridae）
寄主植物｜油茶、茶、相思、毛叶桉、羊蹄甲、油桐、乌桕、扁柏、侧柏、松、杉、柿、杨梅、板栗、枣、山核桃和枇杷等
分布地区｜江苏、安徽、浙江、福建、湖南、湖北、江西、广东、广西、四川、贵州、陕西、河南、上海、海南、云南、台湾、香港

· 为害症状 ·

　　幼虫咀食叶片成缺刻或吃食全叶，常使枝条光秃，亦能啃食嫩枝皮层和果实。大发生时可将成片阔叶树的叶片吃光，影响树木生长与结实，严重时整株枯死。

· 形态特征 ·

　　成虫：雌蛾体长约 23 毫米，体翅灰白色，翅展 52 毫米。雌蛾触角丝状，黄褐色。翅上密布灰黑色小点，基线、中线亚外缘线为黄褐色波状纹，有时不明显，翅背面灰白色，中央有 1 个黑色斑点。腹部肥大，末端具黄色毛丛。雄蛾体翅纹与雌蛾大致相同，体长约 17 毫米，翅展约 56 毫米。触角双栉齿状，腹部瘦小。
　　卵：椭圆形，鲜绿或淡黄色，长约 0.7 毫米。
　　幼虫：初孵幼虫灰褐色，2 龄后变为绿色。幼虫共 5 龄。体长 70 毫米，体色有灰褐、青绿等。头部密布棕色颗粒状小点，头顶中央凹陷，两侧呈角状突起。前胸背面有 2 个小突起，第 8 节背面微突，气门紫红色。
　　蛹：近圆锥形，深褐色，有刻点，头顶有角状小突起 1 对，腹末基部有 2 个突起，臀刺明显，端部针状。

· 生活习性 ·

　　一年发生代数，因地区而异，河南一年发生 2 代；湖南、浙江一年 2~3 代，广东 3~4 代，江西南昌一年发生 2~3 代，2 代为主，各地均以蛹在距树干 10~50 厘米范围的松土中越冬。据南昌观察，翌年 4 月下旬成虫开始羽化，4 月下旬至 5 月中旬交配产卵，第 1 代幼虫发生在 5~6 月。6 月上旬至 7 月中旬变蛹，7—8 月成虫羽化交配、产卵。第 2 代幼虫发

▲ 油桐尺蛾幼虫及茧

生期在 7—8 月，8 月下旬至 10 月上旬变蛹。9 月中旬以前化蛹的，能羽化成虫、产卵；9 月中旬以后化蛹的，多数进行越冬，少数孵出的幼虫于 11 月陆续死亡，局部第 3 代于 9 月中下旬孵出的幼虫，于 11 月上中旬化蛹越冬。全年以第 1 代为害最为严重。卵期 8~15 天，幼虫期 27~37 天，共历 5~6 龄，蛹期 14~26 天，越冬蛹长达 150~210 天，成虫寿命 5~12 天。成虫在夜间羽化，白天静伏叶背、枝干、杂草、灌木丛中栖息，晚上活动，21：00 至次日 3：00 扑灯最盛。雌蛾一生交配 1 次，交配后当晚产卵，每雌产卵 1 块，计 1 000 余粒。卵多产于寄主叶背、树干裂缝及粗皮处，初孵幼虫习性活泼，爬至顶部嫩叶取食叶肉成缺刻，残留表皮；3 龄后食量较大，常将全叶吃光，静止时呈桥状。常在夜间和阴天取食。老熟幼虫多数于夜间下树入土化蛹，少数留在树干和枝杈。

防治方法

1 成虫期利用灯光诱杀成虫。

2 幼虫盛期，喷洒 20% 除虫脲悬浮剂 7 000 倍液。

柑橘尺蛾 *Hyposidra talaca*（Walker）

别　　名｜大钩翅尺蛾
分类地位｜鳞翅目（Lepidoptera）尺蛾科（Geometridae）
寄主植物｜油茶、茶、柑橘、荔枝、龙眼等
分布地区｜广东、福建、海南、贵州

· 为 害 症 状 ·

　　幼虫咀食叶片成缺刻或吃食全叶，常使枝条光秃；大发生时可将叶片吃光，影响树木生长与结实，严重时整株枯死。

· 形 态 特 征 ·

　　成虫：雄虫前翅长 20~22 毫米，雌虫 19~23 毫米。雄虫触角双栉形，雌虫触角线形。下唇须较短。头和体均灰褐色，额上端

▲ 柑橘尺蛾幼虫

和中胸前端各有 1 条黑褐色横线。翅底黄白色至灰黄色，散布深灰褐色碎纹；前翅内线、中点和两翅外线黑色；内外线较细弱，前翅外线由前缘发出，向外延伸并在 M1 处形成 1 个尖角后折回，呈波状内倾至后缘；后翅外线浅波曲；后翅具弱小黑灰色中点；两翅由外线内侧向外颜色逐渐加深，外线与亚缘线之间大部黑褐色，黑褐色区域在前翅 M 脉之间扩展至外缘；亚缘线外侧在前翅顶角和前后翅 M3 以下黄褐色；缘线的黑点列不完整；缘毛浅黄褐色与深褐色掺杂。翅背面灰白色，散布深色碎纹；具黑褐色中点和端带，端带外侧在前翅顶角和前后翅 M3 以下留下灰白色斑。

幼虫：第 2 至第 7 腹节各有 1 条点状白色横线；胸足 3 对，第 6 腹节腹足 1 对和尾足 1 对。

· 生 活 习 性 ·

成虫多在傍晚至夜间羽化，羽化时，成虫顶破蛹壳后钻出土表，迅速爬动一段距离即爬上树干或地被物。成虫待翅充分平展后即可飞翔，飞翔能力较强，趋光性中等。成虫白天停息在枝干、羽叶背面或地被物上。交尾多在羽化后的第二天凌晨 3：00—5：00 时，交尾完成后仅尾部稍分开，过一段时间才飞离。每雌一生交尾 1 次，交尾后第二天晚上寻找适宜场所产卵，产卵多在 19：00—22：00。初孵幼虫爬行迅速，受惊扰即吐丝下垂，经风吹飘荡而扩散，2~3 小时后即行觅食。1~2 龄幼虫只啃食羽叶表皮或叶缘，使叶片呈缺刻或穿孔，3 龄以上幼虫可食整个羽叶，还取食嫩梢，常将羽叶吃光，仅留秃枝。老熟幼虫吐丝下垂或经树干爬至地表，寻找适宜场所如松土层或土缝隙处慢慢钻入，吐丝咬碎土粒作蛹室化蛹。

防治方法

1 成虫期利用灯光诱杀成虫。

2 幼虫盛期，喷洒 20% 除虫脲悬浮剂 7 000 倍液。

茶蚕
Andraca bipunctata Walker

别　　名	茶狗子、茶叶家蚕、无毒毛虫、团虫
分类地位	鳞翅目（Lepidoptera）蚕蛾科（Bombycidae）
寄主植物	油茶、茶、山茶
分布地区	全国各油茶产区

· 为害症状 ·

以幼虫群聚为害，初孵幼虫群栖叶背蚕食，仅留中脉。后期幼虫群栖枝条，互相缠扭结成一团，不分老嫩，连同叶柄吃光，严重时致使油茶树被害成光秃。

· 形态特征 ·

成虫：体长 12~20 毫米，翅展 26~60 毫米，体翅咖啡色，有丝绒状光泽，前翅翅尖外缘处向外突出略呈钩状，前、后翅均有 2 条暗褐色波状横纹。雌蛾触角栉齿状。雄蛾体色较深，触角羽毛状。

卵：浅黄色，椭圆形，常数十粒成行平铺在叶背呈长方形卵块。

幼虫：棕褐色，背、侧面有灰白色纵纹和横纹，构成许多方格形花纹，体肥大，成长后长达 55 毫米左右。

蛹：暗红褐色，尾部有黄褐色绒毛；茧椭圆形，灰褐色，丝质，较软。

▲ 茶蚕成虫

▲ 茶蚕幼虫

· **生 活 习 性** ·

安徽、浙江、江西、湖南一年发生2代，广西、福建、台湾3代，广东4代。两代区幼虫常在4—5月和9—10月盛发；3代区幼虫在4—5月、6月至7月上旬和9—10月盛发；4代区幼虫在3—4月、5—6月、9—10月和12月至翌年2月发生。幼虫具群集性，1~2龄时群集在叶背取食，3龄后常在油茶树枝条上缠结成团，大量吞食叶片，并逐渐分群。老熟后则分散爬至根际枯枝落叶下结茧化蛹。大部分地区以蛹越冬，在福建有以卵越冬，甚至无明显越冬现象。卵成块产于嫩叶背面，每头雌蛾可产卵百余粒。各虫态历期为：卵期12~24天，幼虫期20~36天，蛹期20天左右，成虫寿命5~9天。茶蚕喜适温高湿短日照条件，炎热、干旱少雨、日照时间长不利于发生。

防治方法

1 人工捕杀。

2 当孵化率达20%时，可向后推加常年同一时期的3龄幼虫历期，即进入防治适期。可用每克含苏云金杆菌孢子5亿对水50千克喷雾；生产上还提倡施用茶蚕颗粒体病毒Gv喷雾。

乌桕大蚕蛾 *Attacus atlas*（L.）

别　　名	乌桕巨大蚕蛾、大桕蚕、皇蛾、阿特拉斯蛾、蛇头蛾、蛇头蝶、霸王蝶、霸王蛾等
分类地位	鳞翅目（Lepidoptera）大蚕蛾科（Saturniidae）
寄主植物	油茶、乌桕、樟、柳、大叶合欢、小檗、甘薯、狗尾草、苹果、冬青、桦
分布地区	浙江、江西、福建、广东、广西、湖南、台湾、海南、云南

· **为 害 症 状** ·

以幼虫取食寄主植物叶片。

· **形 态 特 征** ·

成虫：翅展 180~210 毫米。前翅顶角显著突出，体翅赤褐色，前、后翅的内线和外线白色；内线的内侧和外线的外侧有紫红色镶边及棕褐色线，中间夹杂有粉红色及白色鳞毛；中室端部有较大的三角形透明斑；外缘黄褐色并有较细的黑色波状线；顶角粉红色，近前缘有半月形黑斑 1 块，下方土黄色并间有紫红色纵条，黑斑与紫条间有锯齿状白色纹相连。后翅内侧棕黑色，外缘黄褐色并有黑色波纹端线，内侧有黄褐色斑，中间有赤褐色点。

卵：扁椭圆形，灰白色。

幼虫：老熟幼虫青绿色，各体节有枝刺 6 根，以背中 2 根较大；体粗大。

▲ 乌桕大蚕蛾成虫（上）及幼虫（下）

蛹：棕褐色；茧灰白色，橄榄形。

· **生 活 习 性** ·

每年发生两代，成虫在4—5月及7—8月出现，以蛹在附着于寄主上的茧中过冬，成虫产卵于主干、枝条或叶片上，有时成堆，排列规则。

防治方法

1 人工捕杀幼虫和摘茧烧埋。

2 利用灯光诱杀成虫。

3 低龄幼虫期喷洒除虫脲悬浮剂 8 000 倍液。

4 保护和利用天敌，如姬蜂和茧蜂等。

斜纹夜蛾 *Prodenia litura*（Fabricius）

别　　名｜莲纹夜蛾、夜盗虫、乌头虫
分类地位｜鳞翅目（Lepidoptera）夜蛾科（Noctuidae）
寄主植物｜茶、油茶、樟树、铁皮石斛等
分布地区｜我国除青海、新疆未明外，各省区都有发现

· **为 害 症 状** ·

以幼虫咬食刚出土的苗，苗的叶片常被吃光。

· **形 态 特 征** ·

成虫：体长 14~20 毫米，翅展 35~46 毫米，体暗褐色，胸部背面有白色丛毛，前翅灰褐色，花纹多，内横线和外横线白色，呈波浪状，中间有明显的白色斜阔带纹，所以称斜纹夜蛾。

卵：扁平的半球状，初产黄白色，后变为暗灰色，块状黏合在一起，上覆黄褐色绒毛。

幼虫：体长 33~50 毫米，头部黑褐色，胸部多变，从土黄色到黑绿色都有，体表散生小白点，从中胸到第 9 腹节上有近似三角

▲ 斜纹夜蛾幼虫及其为害症状

形的半月黑斑 1 对。

蛹：长 15~20 毫米，圆筒形，红褐色，尾部有 1 对短刺。

· 生 活 习 性 ·

该虫一年发生 4 代（华北）至 9 代（广东），一般以老熟幼虫或蛹在田基边杂草中越冬，广州地区无真正越冬现象。成虫夜出活动，飞翔力较强，具趋光性和趋化性，对糖、醋、酒等发酵物尤为敏感。卵多产于叶背的叶脉分叉处，以茂密、浓绿的作物产卵较多，堆产，卵块常覆有鳞毛而易被发现。初孵幼虫具有群集为害习性，3 龄以后则开始分散，老龄幼虫有昼伏性和假死性，白天多潜伏在土缝处，傍晚爬出取食，遇惊就会落地蜷缩作假死状。当食料不足或不当时，幼虫可成群迁移至附近田块为害，故又有"行军虫"的俗称。

防治方法

1 物理防治：①点灯诱蛾，利用成虫趋光性，于盛发期点黑光灯诱杀；②糖醋诱杀，利用成虫趋化性配糖醋（糖：醋：酒：水 = 3：4：1：2）加少量敌百虫诱蛾。

2 药剂防治：交替喷施 50% 氰戊菊酯乳油 4 000~6 000 倍液或 20% 氰戊菊酯乳油 2 000~3 000 倍液 2~3 次，隔 7~10 天 1 次，喷匀喷足。

掌夜蛾 *Argyrogramma agnata* （Staudinger）

分类地位 | 鳞翅目（Lepidoptera）夜蛾科（Noctuidae）
寄主植物 | 油茶及十字花科、豆科多种植物
分布地区 | 我国各地

· **为 害 症 状** ·

以幼虫取食植物叶片或茎干表皮为害。

· **形 态 特 征** ·

成虫：体长 12~17 毫米，翅展 32 毫米，体灰褐色。前翅深褐色，具 2 条银色横纹，翅中有一显著的"U"形银纹和 1 个近三角形银斑；后翅暗褐色，有金属光泽。

卵：半球形，长约 0.5 毫米，白色至淡黄绿色，表面具网纹。

幼虫：幼虫头部红色，身体黑色，腹部侧边前后各有 1 条长条状的白斑，腹末端背面微微拱起；末龄幼虫体长约 30 毫米，淡绿色，虫体前端较细，后端较粗。头部绿色，两侧有黑斑；胸足及腹足皆绿色，第 1、2 对腹足退化，行走时体背拱曲。体背有纵行的白色细线 6 条位于背中线两侧，体侧具白色纵纹。

蛹：长约 18 毫米，初期背面褐色，腹面绿色，末期整体黑褐色。茧薄。

· **生 活 习 性** ·

以蛹在土中越冬，初孵幼虫有群集习性，2~3 个月成虫后分散为害，幼虫白天栖居暗处，傍晚出来取食。

▲ 掌夜蛾幼虫

防治方法

1 利用黑光灯诱杀成虫。
2 幼虫群集为害期喷洒 48% 乐斯本乳油 3 500 倍液。

粉蝶灯蛾 *Nyctemera adversata*（Schaller）

分类地位｜鳞翅目（Lepidoptera）灯蛾科（Arctiidae）
寄主植物｜油茶、茶、柑橘、狗舌草、无花果及菊科植物等
分布地区｜浙江、江西、湖南、广东、广西、河南、重庆、四川、贵州、
云南、西藏、台湾

· **为 害 症 状** ·

幼虫为害叶片，造成叶片缺刻。

· **形 态 特 征** ·

成虫：翅展 44~56 毫米。头黄色，颈板黄色，额、头顶、颈板、肩角、胸部各节具一黑点，翅基片具黑点 2 个；腹部白色，末端黄色，背面、侧面具黑点列；前翅白色，翅脉暗褐色，中室中部有一暗褐色横纹，中室端部有一暗褐色斑，Cu2 脉基部至后缘上方有暗褐纹，Sc 脉末端起至 Cu2 脉之间为暗褐色斑，臀角上方有一暗褐斑，臀角上方至翅顶缘毛暗褐色；后翅白色，中室下角处有一暗褐斑，亚端线暗褐斑纹 4~5 个。

卵：半球形，直径 0.79 毫米；卵壳表面自顶部向周缘有放射状纵纹；初产黄白色，有光泽，后渐变为灰黄色至暗灰色。

幼虫：幼虫头部橙红色，体背黑色，各节侧缘具毛丛，背中央有白色横纹，排列呈纵带。

蛹：长 22~26 毫米，胸部宽 9~10 毫米，黑褐色，有光泽，有臀刺 10 根。

▲ 粉蝶灯蛾幼虫

▲ 粉蝶灯蛾成虫

· 生 活 习 性 ·

　　成虫白昼喜访花，夜晚亦具趋光性，产卵成块于叶背上；初孵幼虫群集为害，3龄后渐分散，食量亦大增，爬行快，受惊后落地假死，蜷缩成环。

防治方法

1 利用灯光诱杀成虫。

2 发生严重时，结合防治其他害虫，喷洒20%除虫脲悬浮剂7 000倍液或3%高渗苯氧威乳油3 000倍液。

巨网苔蛾 *Macrobrochis gigas* Walker

别　　名｜巨斑苔蛾
分类地位｜鳞翅目（Lepidoptera）灯蛾科（Arctiidae）
寄主植物｜油茶、紫薇等
分布地区｜广东、香港

食叶类害虫

· **为害症状** ·

以苔藓植物为食，但幼虫白天常出现在树干和叶面，这些毛看起来很可怕，常引起群众恐慌，不过没有毒性。

· **形态特征** ·

成虫：展翅 65~80 毫米，头部橙红色，前翅黑色，具白色的条状斑，分 3 条横向排列，合翅时可见前列斑最长，中列斑 4 枚，后列斑点呈不规则的长短条状排列。

幼虫：幼虫体黑色至蓝黑色密布成束的灰白色长毛，气孔白色，各脚趾粉红色。

· **生活习性** ·

成虫出现于 4—6 月，白天或夜晚趋光时可见，喜欢访花。

▲ 巨网苔蛾幼虫

防治方法

利用成虫趋光性，用黑光灯诱杀。

豆天蛾 *Clanis bilineata*（Cooley）

别　　名	豆虫、豆蛾、牛鼻栓
分类地位	鳞翅目（Lepidoptera）天蛾科（Sphingidae）
寄主植物	油茶、刺槐、大豆等
分布地区	我国黄淮流域和长江流域及华南地区

· 为 害 症 状 ·

幼虫为害叶片，吃成网孔。

· 形 态 特 征 ·

成虫：体和翅黄褐色，有的略带绿色。头胸背面有暗紫色纵线。体长 40~45 毫米，翅展 100~120 毫米。前翅有 6 条浓色的波状横纹，近顶角有 1 个三角形褐色斑。后翅小，暗褐色，基部和后角附近黄褐色。

卵：椭圆形或球形，长 2~3 毫米，初产黄白色，孵化前变褐色。

幼虫：老龄幼虫体长 82~90 毫米，黄绿色。从腹部第 1 节起，两侧各有 7 条向背后方倾斜的黄白色斜线。尾角黄绿色，短而向下弯曲。幼虫共 5 龄。

蛹：体长 40~50 毫米，宽 15 毫米，红褐色。喙与身体紧贴，但末端明显突出，略呈钩状。腹部第 5 节至第 7 节气孔前各有一横沟纹。臀棘三角形，末端不分叉。

· 生 活 习 性 ·

一年发生 1~2 代，一般黄淮流域发生 1 代，长江流域和华南地区发生 2 代。以末龄幼虫在土中 9~12 厘米深处越冬，越冬场所多在豆田及其附近土堆边、田埂等向阳地。成虫昼伏夜出，飞翔力强，可作远距离高飞。有喜食花蜜的习性，对黑光灯有较强的趋性。初孵幼虫有背光性，白天潜伏于叶背，1~2 龄幼虫一般不转株为害，3~4 龄因食量增大则有转株为害习性。

▲ 豆天蛾幼虫

防治方法

1 灯光诱杀成虫。

2 人工捕杀幼虫。

3 可于低龄幼虫期喷洒 20% 除虫脲悬浮剂 7 000 倍液。

报喜斑粉蝶 *Delias pasithoe*（Linnaeus）

别　　名 | 红肩斑粉蝶、红肩粉蝶、褐基斑粉蝶、艳粉蝶、基红粉蝶、藤粉蝶等

分类地位 | 鳞翅目（Lepidoptera）粉蝶科（Pieridae）

寄主植物 | 油茶及桑寄生科、檀香科、大戟科等植物

分布地区 | 云南、福建、海南、广东、广西、香港、台湾

· **为害症状** ·

以幼虫群集取食，在 3 龄以后食量剧增，导致植物叶片只留下主叶脉，严重时全株都被取食殆尽。

· **形态特征** ·

成虫：体背面灰黑色，腹面灰白色。雌性前翅正面灰黑色，中区白色斑纹及中室端小斑不如雄性清晰，亚外缘有 1 列白色小斑；前翅背面与正面斑纹基本一致，中区白斑带黄色，中室上缘的细线黄色。雌性后翅正面灰黑色，中区及亚外缘白斑不明显，臀区偏白色、黄色不明显；后翅背面与正面斑纹基本一致，翅基红色斑和翅面黄色斑颜色较不鲜

艳。雄性前翅正面黑色，中区有白色斑纹，中室端有 1 白色小斑，亚外缘有 1 列白色小斑；前翅背面与正面的斑纹基本一致，中室上缘有 1 条白色细线，中区白斑

▲ 报喜斑粉蝶成虫

边缘清晰。雄性后翅正面翅面黑色，中区白色斑纹外缘蓝白色，中部为近白色，亚外缘有 1 列白色小斑，臀区黄色；后翅背面基部红色，中区、亚外缘及臀区鲜黄色，被黑色翅脉分隔，A 脉黑色、完整。

卵：卵直立，呈炮弹形，顶端略平截，表面有明显的纵脊线和不明显横隔线。初产时，卵的下端无色透明，上端淡黄色，表面有光泽，顶端的精孔不明显。发育中期，卵全部为黄色；孵化前，卵下半部黄色，上半部为褐色或深暗绿色，透过光可看到幼虫的头部，不时稍微晃动，此时精孔非常清楚。

幼虫：幼虫头部黑色，侧单眼 6 个；幼虫中胸、后胸和第 1~9 腹节背中线两侧各有 1 对短小的棕色原生刚毛。刚蜕皮时，幼虫体色和头壳颜色略浅，经过 4~6 小时后恢复该龄幼虫的正常体色。1 龄头部呈棕黑色，体黄色半透明，腹足透明，体节明显；2 龄头部黑色，虫体前半部因进食呈黄绿色，后半部黄色，体节明显，中胸至第 9 腹节在各体节

▲ 报喜斑粉蝶幼虫

中部出现黄色横条纹，起止于体两侧的足上线；红褐色气门和灰白色刚毛都在黄色横条纹上，中胸节的黄色横条纹在背中线处有断痕；3龄幼虫虫体红褐色，刚毛黄色；前胸盾和臀盾黑色；气门线逐渐明显，呈暗红色；4~5龄与3龄幼虫的形态特征基本相似，虫体及刚毛的颜色逐渐加深，5龄幼虫进入预蛹期后，体长变短，体色变红，有时表面有似水渍状，黄色横斑纹处稍突出。

蛹：缢蛹，蛹体有光泽。刚化蛹时，蛹体红褐色；化蛹5~6小时后，蛹体变为棕褐色或深棕褐色，尾部黑色。额中央有1突起，不分叉。前胸、中胸和后胸两侧各有1小突起，以中胸的最明显。后足不超过翅芽末端。腹部第1~7节前方中央各有一突起，第1~3节偏两侧各有一白色短刺突。腹部侧面有白色斑纹。气门黑色。尾部臀棘较明显，无钩刺。

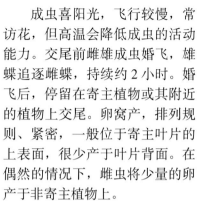

· **生 活 习 性** ·

成虫喜阳光，飞行较慢，常访花，但高温会降低成虫的活动能力。交尾前雌雄成虫婚飞，雄蝶追逐雌蝶，持续约2小时。婚飞后，停留在寄主植物或其附近的植物上交尾。卵窝产，排列规则、紧密，一般位于寄主叶片的上表面，很少产于叶片背面。在偶然的情况下，雌虫将少量的卵产于非寄主植物上。

幼虫孵化时，从卵壳上端咬开1个缺口，头部顶出，身体伸缩逐渐爬出。初孵幼虫有群聚性和取食卵壳的习性，活动能力不强，取食寄主叶片表面叶肉，排便量少。2龄后在叶缘取食，造成缺刻；4~5龄为暴食期。4龄前的幼虫群集性强，落单幼虫死亡率高。5龄幼虫可四处爬行寻找食物及合适的化蛹场所，活动能力强。

防治方法

保护和利用天敌：①寄生性天敌昆虫：蛹期有黑纹囊爪姬蜂、广大腿小蜂和黄盾驼姬蜂指名亚种，在11月，广大腿小蜂对报喜斑粉蝶蛹期的寄生率高达70%~85%；②捕食性天敌昆虫：观察到有螳螂捕食报喜斑粉蝶的幼虫，蚂蚁和鸟类捕食其幼虫和蛹；③病原微生物：在田间或实验室的条件下，报喜斑粉蝶4~5龄幼虫和蛹容易罹病，病原包括核型多角体病毒、苏芸金杆菌和球孢白僵菌。

枝干害虫

银纹毛叶甲 *Trichochrysea japana*（Motschulsky）

分类地位 | 鞘翅目（Coleoptera）肖叶甲科（Eumolpidae）
寄主植物 | 油茶、板栗、杨
分布地区 | 河北、江苏、浙江、湖北、江西、湖南、福建、广东、海南、贵州、云南

· **为 害 症 状** ·

啃食嫩叶枝梢，致使嫩梢枯萎；幼虫取食叶片成缺刻。

· **形 态 特 征** ·

成虫：体长5.7~8毫米，体长椭圆形，铜色或铜紫色，前胸背板基缘及鞘翅中缝绿色；体背密被黑色粗硬竖毛和银白色平卧毛或半竖立细软毛，刻点大而深，鞘翅中部稍下有银白色密集而成的斜横纹。体腹面被竖立或半竖立银白毛。

· **生 活 习 性** ·

在广东一年1代，3月底到6月下旬均有成虫出现，4月中、

下旬为成虫盛发期。

▲ 银纹毛叶甲成虫

▲ 银纹毛叶甲为害症状

（防治方法）

1 利用成虫假死性人工振落捕杀。

2 化学防治：在4月中、下旬喷洒3%高渗苯氧威乳油3 000倍液，或用621烟熏剂熏杀成虫，用药量为7.5千克/公顷。

霉纹斑叩甲 *Cryptalaus berus*（Candeze）

分类地位 | 鞘翅目（Coleoptera）叩甲科（Elateridae）
寄主植物 | 油茶、松
分布地区 | 广东、台湾

· 为害症状 ·

成虫为害寄主植物枝干。

· 形态特征 ·

成虫：长 22~30 毫米，体灰黑色，被有浅灰色、灰白色、黑色的鳞片状扁毛，混杂形成了大量的小斑，触角黑色。前胸长大于宽，两侧拱出呈弧形，近基部变狭；中部纵隆，两侧低凹；表面有不均匀的刻点；后角扁，相当分叉，隆脊长而明显。小盾片相当倾斜。鞘翅覆盖有黑色鳞片扁毛；向后变狭，侧缘弯曲；表面有刻点条纹，其间略凸；端部完全。

卵：乳白色，长椭圆形，长 2.3~2.6 毫米，宽 1.8~2.0 毫米。

幼虫：初孵幼虫扁平；老熟幼虫近圆柱形，体壁坚韧，红棕色；3 对胸足发达，蜕裂线呈"V"形。

蛹：裸蛹，黄色，末节端部的两个分叉明显。

· 生活习性 ·

二至三年 1 代，以幼虫在土中越冬。成虫出现于夏季，夜晚具有趋光性；生活在中海拔山区。

▲ 霉纹斑叩甲成虫

防治方法

防治方法同茶锥尾叩甲。

微铜珠叩甲 *Paracardiophorus subaeneus*（Fleutiaux）

分类地位 | 鞘翅目（Coleoptera）叩甲科（Elateridae）
寄主植物 | 油茶
分布地区 | 广东、福建、浙江、陕西、山西

· **为 害 症 状** ·

成虫为害寄主植物枝干。

· **形 态 特 征** ·

成虫：体长 6 毫米，宽 1.5 毫米。完全黑色，带铜色光泽。被毛灰白色。头顶略凸，额脊完整，其前缘弧拱，刻点细密。前胸背板长宽近等，中域相当隆凸，具粗细两种刻点；两侧弧拱，具极细的边，从基部向前不伸抵前角；后角短，靠外侧具一脊纹，后角两侧凹陷。小盾片心形，基缘中央凹下，形成浅纵沟。鞘翅基部宽，逐渐向端收狭，其长小于其基宽的 2 倍，表面刻点沟纹深，沟纹间隙平，无皱纹。爪基部略膨阔。

· **生 活 习 性** ·

不详。

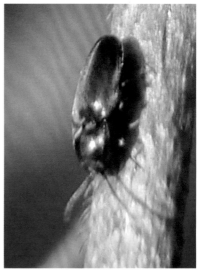

▲ 微铜珠叩甲成虫

【防治方法】

防治方法同茶锥尾叩甲。

茶材小蠹 *Xyleborus fornicalus* Eilil

别　　名 | 茶枝小蠹、折梢虫、"圈枝虫"
分类地位 | 鞘翅目（Coleoptera）小蠹科（Scolytidae）
寄主植物 | 油茶、茶、柳、樟树、橡胶、荔枝、龙眼等
分布地区 | 广东、广西、海南、四川、福建、云南、台湾

· 为害症状 ·

　　成虫、幼虫多在长势衰弱的枝干上钻食为害，虫道蛀成围绕枝条的环状坑道，严重妨碍树体养分输导，使得树势衰退，受害枝条上的果实变小或明显畸形。严重受害枝条在台风时十分容易折断。

· 形态特征 ·

　　成虫：雌成虫体长 2.4 毫米，圆柱形，黑色。雄成虫体长 1.3 毫米，黄褐色。

　　卵：椭圆形，长约 0.6 毫米，初产时白色，孵化前淡黄色。

　　幼虫：老熟幼虫体长 2.4 毫米，乳白色而肥胖，足退化，头黄褐色。

　　蛹：雌蛹体长 2.4 毫米，初化蛹时为乳白色裸蛹，后变成黄褐色。

· 生活习性 ·

　　在广东每年发生 6 代，11 月中下旬开始越冬，次年 2 月气温回升，成虫开始活动，从原坑道外出钻株为害，形成新的坑道。虫口圆形，卵产在坑道内，每处有 1~8 粒。

▲ 茶材小蠹成虫

防治方法

1 农业防治：把有虫的枝条从树上钩下，取离树下迅速烧毁，减少虫源；在发病树重施肥料特别是氮肥，以增强树体的抗性。

2 化学防治：①采果后，结合清园，用带铁钩的竹竿钩下树上的枯枝，然后用 18% 杀虫双水剂 500 倍液加 40% 水胺硫磷乳油 800~1 000 倍液对树干及地面喷药，喷药时要注意当天钩枝当天喷药，树膛内部、外部都要喷到，以树干上有药液滴下为宜；②注意防治介壳虫：茶材小蠹的排泄物易诱发介壳虫的为害，进一步加剧树势衰弱，严重的满树秃枝，树体恢复慢，发现介壳虫为害，可用 40% 速扑杀乳油 1 000 倍液加 3 000 倍液的农药增效剂喷雾。

黑跗眼天牛 *Chreonoma atritarsis* Pic

别　　名	油茶蓝翅天牛、茶红颈天牛、枫杨黑跗眼天牛、节结虫
分类地位	鞘翅目（Coleoptera）天牛科（Cerambycidae）
寄主植物	油茶、茶、枫杨、柳等
分布地区	广东、广西、四川、贵州、湖南、江西、浙江、福建、台湾

· **为害症状** ·

成虫取食嫩枝皮层和叶片；主要以幼虫蛀害枝干，常绕枝干蛀食 1 周后蛀入木质部，被害处组织受到刺激而膨胀成节结状，结节以上枝叶褪绿，易折，造成树势枯萎，严重影响植株生长。

· **形态特征** ·

成虫：体长 9~13 毫米。头部酱红色，其上被深棕色竖毛。复眼黑色。触角柄节基部酱红色，第 2 节最短，基部 1/4 处黄色，第 3~5 节的基部 2/3 左右为橙黄色，其他部分和以后各节皆黑色。

▲ 黑跗眼天牛幼虫

前胸背板及小盾片酱红色，被黄色竖毛。鞘翅紫蓝色，被黑色竖毛，各足胫节端部和跗节黑色。

卵：圆形，长 2~3 毫米，黄白色。

幼虫：体长 18~22 毫米，扁筒形，头和前胸棕黄色，上颚黑，上唇及唇基密生细毛，胸、腹节皆黄色，腹部第 9、10 节末端有细毛丛生。

蛹：体长 15 毫米，体色橙黄，翅芽和复眼黑色。

· 生 活 习 性 ·

每年发生世代数不同地区不同，广东、福建、湖南等地一年发生 1 代，江西、贵州等地二年发生 1 代，均以幼虫在被害枝干内越冬，3 月下旬至 5 月中旬化蛹，4 月下旬至 6 月中旬出现成虫产卵，6 月中旬至 7 月中旬幼虫孵化。成虫多喜停在油茶上部叶背，咬食叶背主脉。幼虫老熟后在结节上方咬一圆形羽化孔，

▲ 黑跗眼天牛成虫及其为害症状

然后在虫道内化蛹。

防治方法

1 冬季结合抚育管理剪去虫枝，并及时烧毁，以减少虫源，促进植株健康生长。

2 树干涂白，于 4 月中下旬成虫产卵前，用涂白剂涂刷枝干，以防产卵。

3 药剂防治：于成虫盛发期喷施 3% 高渗苯氧威乳油 2 000 倍液。

茶天牛 *Aeolesthes induta* Newman

别　　名｜楝树天牛、茶褐天牛、株闪光天牛、贼老虫等
分类地位｜鞘翅目（Coleoptera）天牛科（Cerambycidae）
寄主植物｜油茶、茶、苦楝、乌桕、松、橡树等
分布地区｜我国南方各省区

· 为 害 症 状 ·

以幼虫钻蛀为害油茶主干基部，并向下蛀入根部，受害木生长衰退以致枯萎死亡，尤以油茶老残林受害严重。

· 形 态 特 征 ·

成虫：成虫体长 30~38 毫米，暗褐色，鞘翅具金黄褐色绢状光泽，生有黄色密短毛。头顶中央具 1 条纵脊。复眼黑色，两复眼在头顶几乎相接。复眼后方具一短且浅的沟。触角中、上部各节端部向外突并生一小刺。雌虫触角与体长近似。雄虫触角为体长近 2 倍，前胸宽于长，前端略狭，中部膨大，两侧近弧形，背面具皱，小盾片末端钝圆，鞘翅上具浅褐色密集的绢丝状绒毛，绒毛具光泽，排列成不规则方形，似花纹。

卵：长 4 毫米左右，宽约 2 毫米，长椭圆形，乳白色。

幼虫：老熟幼虫体长 30~52 毫米，圆筒形，头浅黄色，胸部、腹部乳白色，前胸宽大，硬皮板前端生黄褐色斑块 4 个，后缘生有"一"字形纹 1 条，中胸、后胸、1~7 腹节背面中央生有肉瘤状凸起。

蛹：长 25~30 毫米，乳白色至浅赭色。

· 生 活 习 性 ·

一般一至二年年发生 1 代，也有三年完成 1 代的，以幼虫或成虫在寄主枝干或根内越冬。广东省越冬成虫于翌年 4 月上旬开始出现，交尾，产卵。卵产在距地面 7~35 厘米、茎粗 2~3.5 厘米的枝干上。卵散产在茎皮裂缝或枝杈上。初孵幼虫蛀食皮下，1~2 天后进入木质部，再向下蛀成隧道，至地下 33 厘米以上，蛀道大而弯曲，在蛀道口可见大量蛀屑、粪粒堆集。老熟幼虫上升至地表 3~10 厘米的隧道里，做成长圆形石灰质茧，蜕皮后化

蛹在茧中。

该天牛主要为害油茶的干基部、根颈与根部，在为害严重的林分中，常将根兜食一空。成虫白天静伏于树丛隐蔽处，夜间与凌晨活动，趋光性强，飞翔能力较弱。

▲ 茶天牛为害症状

防治方法

1 人工捕杀成虫：茶天牛飞翔力弱，活动产卵部位低，容易发现和捕捉，可于4月开始人工捕杀成虫，坚持几年，效果明显。

2 树干涂白，防止产卵，于4月中下旬成虫产卵前用涂白剂涂刷枝干，以防产卵。

3 把百部根切成4~6厘米长或半夏的茎叶切碎后，塞进虫孔，也能毒杀幼虫。

4 药剂防治：用注射器注射绿僵菌复配剂，或用棉团沾绿僵菌复配剂塞入虫孔，用黄泥封孔，毒杀幼虫。

咖啡灭字脊虎天牛 *Xylotrechus quadripes* Chevrolat

别　　名｜钻心虫、柴虫等
分类地位｜鞘翅目（Coleoptera）天牛科（Cerambycidae）
寄主植物｜油茶、茶、咖啡、杧果、蓖麻、波罗蜜、番石榴、厚皮树、
　　　　　水团花、醉鱼草等
分布地区｜广东、海南、广西、四川、云南、台湾

· 为 害 症 状 ·

幼虫为害枝干，将木质部蛀成纵横交错的隧道，隧道内填塞虫粪，并向茎干中央钻蛀为害髓部，然后向下钻蛀为害至根部。严重影响水分的输送，致使树势生长衰弱，枝叶枯黄，表现缺肥、缺水状态。盛产期被害时，果实无法生长，被害植物易被风吹断。植株被害后期，被害处的组织因受刺激而形成环状肿块，表皮木栓层断裂，水分无法往上输送，上部枝叶表现黄萎，下部侧芽丛生。当幼虫蛀食至根部时，导致植株死亡。

· 形 态 特 征 ·

成虫：体长 10~17 毫米，黑色，密被黄色或灰绿色短毛，触角黑色，前胸近球形，背板有 3 个小圆形黑色纹，鞘翅上具"灭"字形黄绿色纹，其后方有一近三角形的黄绿色纹。

卵：长 1.5 毫米，宽 0.5 毫米，乳白色，椭圆形，一端偏细。

幼虫：老龄幼虫长 18~20 毫米，前胸背板后方具一"山"字形光滑区，褐色，密被棕褐色短毛；触角红褐色，雄虫触角达体长约 1/2，雌虫则与体长相等或略短；幼虫前胸背板中部两侧具两个"口"字形褐色斑块，中部后方中央呈盾形凸出。

蛹：长 10~20 毫米，宽 4~5 毫米，黄褐色，长椭圆形。

· 生 活 习 性 ·

在广东省一年发生 2 代，即越冬代和夏秋代；越冬代的幼虫和成虫在寄主植物枝干内越冬，翌年 2 至 3 月后，越冬成虫和越冬代幼虫羽化的成虫陆续飞出羽化孔，3—5 月为羽化盛期，然后交尾产生夏秋代。夏秋代幼虫 6 月下旬开始化蛹，7—9 月相继羽化成成虫。夏秋代的成虫和幼

虫期分别为 8~14 天和 66~75 天；越冬代则分别达到 120 天和 140 天。各代卵期 5~7 天，蛹期 8~10 天。

成虫多于晴天活动，飞翔力强，有假死性，无趋光性，喜在距地面 50~100 厘米的树干表皮裂缝中产卵，散产，孵化后的幼虫钻入皮层旋蛀为害，3 龄后钻入木质部纵横为害，严重的能使主干折断，整株死亡。

▲ 咖啡灭字脊虎天牛为害症状

枝干害虫

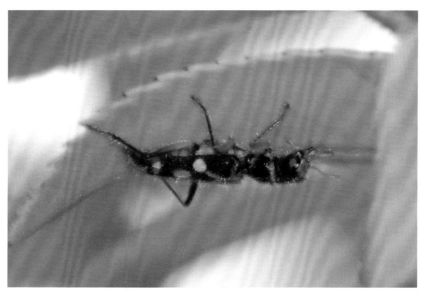

▲ 咖啡灭字脊虎天牛成虫

防治方法

防治方法同茶天牛。

吉丁天牛 *Niphona* sp.

别　　名 | 钻心虫、柴虫等
分类地位 | 鞘翅目（Coleoptera）天牛科（Cerambycidae）
寄主植物 | 油茶
分布地区 | 广东

· 为 害 症 状 ·

　　幼虫为害枝干，将木质部蛀成纵横交错的隧道，严重影响水分的输送，致使树势生长衰弱，枝叶枯黄，表现缺肥缺水状态。成虫蛀食寄主植物枝干，导致植株死亡。

· 形 态 特 征 ·

　　成虫：体黑褐色，前胸背板有 3 条明显的黑色纵脊，两条纵脊间靠基部各有 1 条小的黑色纵脊；鞘翅上有不规则的红褐色斑块，末端分叉。

· 生 活 习 性 ·

　　不详。

▲ 吉丁天牛成虫

防治方法

防治方法同茶天牛。

朽木甲 *Cteniopinus* sp.

分类地位 | 鞘翅目（Coleoptera）朽木甲科（Alleculidae）
寄主植物 | 油茶等
分布地区 | 广东

· 为 害 症 状 ·

　　幼虫对植物根部及整体发育有为害。

· 形 态 特 征 ·

　　成虫：体长 11~14 毫米，长而隆起，较瘦而略宽；体鲜黄色，触角黑色。前胸背板盾形；鞘翅长形，隆起，具纵条沟，表面具细绒毛；各足细长，爪具齿。

· 生 活 习 性 ·

　　不详。

▲ 朽木甲成虫

（防治方法）

数量少时可不用防治。

黑胸伪叶甲 *Lagria nigircollis* Hope

分类地位 | 鞘翅目（Coleoptera）拟步甲科（Tenebrionidae）
寄主植物 | 油茶等
分布地区 | 辽宁、新疆、河南、福建、湖北、湖南、四川、广东

· **为害症状** ·

以幼虫钻蛀为害。

· **形态特征** ·

成虫：体长 6.5~9.0 毫米；具较强的光泽，亮黑色，鞘翅褐黄色；密被长的黄色绒毛，头及前胸的毛更长。鞘翅缘折窄于后胸侧片的 3 倍宽，雄虫后足胫节无细齿，雄虫触角丝状，端节与其前 5 节之和等长。

· **生活习性** ·

成虫出现于 3—8 月。

▲ 黑胸伪叶甲成虫

防治方法

发生严重时，成虫期喷洒 3% 高渗苯氧威乳油 3 000 倍液。

油茶织蛾 *Casmara patrona* Meyrick

别　　名	茶枝镰蛾、油茶蛀茎虫、茶枝蛀蛾，俗称钻心虫
分类地位	鳞翅目（Lepidoptera）织蛾科（Oecophoridae）
寄主植物	油茶、茶
分布地区	湖南、湖北、安徽、江西、浙江、福建、台湾、广东、广西、贵州、四川、云南

· 为害症状 ·

　　主要以幼虫蛀食枝干，初期枝上芽叶停止伸长，后蛀枝中空部位以上枝叶全部枯死。

· 形态特征 ·

　　成虫：体长 12~16 毫米，翅展 32~40 毫米。体被灰褐色和灰白色鳞片。触角丝状，灰白色，基部膨大，褐色。下唇须镰刀形，向上弯曲，超过头顶；第 2 节粗，有黑褐色和灰褐色鳞片；第 3 节纤细，灰白色；第 3 节末端尖，呈黑色。前翅黑褐色，有 6 丛红棕色和黑褐色竖鳞，在基部 1/3 内有 3 丛，在中部弯曲的白纹中有 2 丛，另一丛在此白纹的外侧；后翅灰黄褐色。足褐色，前胫节灰白色，有黑色长毛；后胫节有褐、灰两色相间的长毛。腹部褐色，有灰白斑，带光泽。

　　卵：扁圆形，长 1.1 毫米，赭色；卵上有花纹，中间略凹。

　　幼虫：体长 25~30 毫米，乳

▲ 油茶织蛾成虫（上）及幼虫（下）

黄白色。头部黄褐色，前胸背板淡黄褐色，腹末 2 节背板骨化，黑褐色。趾钩三序缺环，臀足趾钩三序半环。

　　蛹：长圆筒形，体长 16~24 毫米，黄褐色。腹部末节腹面有 1 对小突起。

· 生活习性 ·

　　一年发生 1 代，以幼虫在被

害枝干内越冬。初孵幼虫从嫩梢或顶芽基部爬行到嫩梢顶端叶腋间蛀入。蛀食前，先在欲蛀的上方吐一层丝遮蔽虫体。刚孵化的幼虫食量小，虫道很细。在前5天，每天平均蛀食2.5~3.0毫米。因嫩梢细小，被全部蛀空，仅剩下表皮层，枝梢逐渐呈现枯萎状。此后，幼虫逐渐蛀入枝干或主干，虫道逐渐增大且光滑。大树主干较粗，幼虫仅蛀食木质部和髓部，故不致失水枯萎。每条幼虫一生蛀食枝干长度可达80厘米，最长可达104厘米。在9—10月，1个月内可蛀10厘米多。为害枝干虫道径粗一般为8~13毫米，最粗可达30毫米。幼虫在被害枝内每隔一段距离向外咬1个小

圆孔，以排泄粪便。粪便呈红棕色，椭圆形，散落地面。一个虫道一般有排泄孔7~9个，最多13个。从上向下孔径逐渐加大，第1个孔一般为0.5毫米，最后一个孔也是最大的排粪孔，孔径达4.7毫米。排泄孔彼此的距离和方向没有一定的规律。一般孔口在枝条的下方，以防雨水侵入。虫道中还可看到许多被幼虫咬过而未穿孔的痕迹。幼虫在虫道中很活泼，进退自如，能转换方向。幼虫老熟后，在虫道中、上部咬1个比附近排泄孔稍大的、近圆形的羽化孔，孔径约30毫米，并吐丝结膜，把孔口封闭。在孔下3~7厘米处作一蛹室，并在蛹室上、下端吐丝塞住。从吐丝到化蛹约需3天。

防治方法

1 油茶林应及时疏伐与修剪，控制在900~1 500株/公顷，保证林内通风透光良好。修剪的最佳时间为7—8月。也可于冬季农闲时，剪除虫害枝干，集中烧毁。

2 物理防治：利用黑光灯诱杀成虫，每2.7公顷可装置一盏40瓦黑光灯，连诱2~3年，可收到良好效果。

3 保护利用天敌：寄生性天敌有长距茧蜂和 *Cuffita* sp.，还有细菌；捕食性天敌有小黄蚂蚁、大黑蚁、蜘蛛。

4 化学防治：在大面积郁闭林分，于成虫羽化盛期施放10%敌马烟雾剂，用药量以15千克/公顷为宜；于初孵幼虫期和幼虫潜居卷叶为害期，喷洒50%敌马合剂或甲敌松合剂，用量为1.5升/公顷，也可用2.5%澳氰菊酯乳油或20%氰戊菊酯乳油，用量为60毫升/公顷，对水稀释进行低容量或超低容量喷雾。

茶梢尖蛾 *Parametriotes theae* Kuz

别　　名｜茶梢蛀蛾、钻心虫、蛀梢虫
分类地位｜鳞翅目（Lepidoptera）尖翅蛾科（Coleophoridae）
寄主植物｜油茶、茶、山茶
分布地区｜河南、陕西以南各省区

· 为害症状 ·

以幼虫为害叶肉和蛀食春梢，枯死消长达 60~80 毫米，被害率在 10%~20%，严重者可达 80%，被害梢逐渐枯萎而死。

· 形态特征 ·

成虫：雌虫体长 4~7 毫米，翅展 9~14 毫米，灰褐色，具光泽；触角丝状，深灰色，约与体等长，基节膨大；前翅狭长，披针形，缘毛长，翅面散生许多小黑点，中央近后缘具 2 个椭圆形黑斑；后翅尖刀形，缘毛长于翅宽。雄虫体长 4~5 毫米，体色略浅，腹部稍尖瘦。

卵：长椭圆形，两头稍平，初产时白色透明，3 天后变淡黄色，孵化前黄褐色。

幼虫：体长 8~10 毫米，淡橘黄色，体被稀疏细短毛。头棕褐色，胸、腹各节黄白色。

蛹：长 5~7 毫米，黄褐色；翅痕、触角明显，触角长达第 8 腹节，紧贴腹面；第 10 腹节腹面具 2 根侧钩，弯向上方。

· 生活习性 ·

大多数地区一年 1 代，闽南、广东、云南低山茶区一年 2 代，均以幼虫在老叶内或枝梢内越冬。成虫白天静伏于小枝上，夜间活动，趋光性不强；交尾大多在晚上 19：00—22：00 进行；卵产于叶柄附近或小枝表皮裂缝中，每 2~5 粒纵列，每雌可产卵 50 余粒。幼虫大多于上午 8：00—10：00 孵化，初孵幼虫约经 30 分钟开始

▲ 茶梢尖蛾成虫

▲ 茶梢尖蛾为害症状

活动，爬向叶背，咬破表皮，潜入叶肉，向四周啃食，叶面逐渐出现褐色圆形潜斑，一片叶上潜斑多达 20~50 个，不久被害叶枯黄，幼虫便转移到其他叶片上继续为害。自 3 月开始，当日平均气温上升到 14℃时，幼虫便从叶中钻出，转移到嫩梢上蛀害。幼虫多从梢顶或芽腋间蛀入梢枝，一头幼虫能为害 1~3 条春梢。幼虫有转移为害习性，受害枝梢因受刺激日趋膨大，最后枯黄而死。老熟幼虫在化蛹前，先在蛀入孔处咬一圆形羽化孔，并以白色丝絮封闭孔口。

茶梢尖蛾自身活动能力有限，主要靠苗木携带，人为地帮助它远距离扩散传播。

防治方法

1 加强检查，严防害虫传播扩散。

2 人工剪除被害叶及被害梢：茶梢尖蛾为害症状明显，容易识别和发现，可于秋季至春季 5 月集中剪除被害梢、叶销毁；冬季以摘除虫叶为主；4 月 2 龄幼虫全部转移蛀入嫩梢，只需剪除虫梢置于纱笼或简易阴棚内，待寄生蜂等天敌羽化后，将被害梢叶烧毁。

3 化学防治：在为害严重的油茶林中，于 3—4 月幼虫转移时，喷洒 16% 虫线清乳油 800 倍液。

茶木蛾 *Linoclostis gonatias* Meyrick

别　　名	油茶堆沙蛀蛾、茶堆沙蛀蛾、茶枝木掘蛾
分类地位	鳞翅目（Lepitoptera）木蛾科（Xyloryctidae）
寄主植物	油茶、茶、黄檀、相思等
分布地区	河南、安徽、湖北、湖南、江苏、浙江、四川、广东、广西、海南、云南、贵州、台湾

· 形态特征 ·

成虫：体长7~10毫米，翅展16~19毫米，白色。雌蛾触角丝状，雄蛾触角栉齿状。下唇须镰刀形，向上弯曲，超过头顶。前翅较短阔，具白缎光泽，基半部稍黄暗。后翅银白色，外缘略黄暗。缘毛均银白色。

卵：球形，乳黄色。

幼虫：末龄幼虫体长15毫米，头红褐色，前胸硬皮板黑褐色。中胸红褐色。背面各节具黑色小点6对，前列4对，后列2对，黑点上着生1根细毛。

蛹：长约8毫米，圆筒形，红褐色或黄褐色。头、前胸及各腹节背面有细网纹凸起，第5~7腹节后缘各有1列小齿，腹末有1对三角形棘突。

· 生活习性 ·

一年发生1代，仅台湾一年发生2代，以老熟幼虫在被害枝蛀道内越冬。翌年5月化蛹，6月羽化，把卵产在嫩叶背面，7月上旬进入羽化盛期，7月中旬后卵陆续孵化为幼虫，世代重叠。

成虫昼伏夜出，趋光性不强，飞翔力较弱。卵多产于嫩叶背面。初孵幼虫吐丝缀叶，潜居其间，取食叶肉，留一层半透明叶膜。3龄开始蛀害枝干，且以分叉处蛀入为多，先剥食皮层，然后蛀入并向下蛀食成2~3厘米短直虫道。蛀孔外以丝黏缀树皮屑和虫

▲ 茶木蛾幼虫

粪，形成黄褐色堆沙状巢。幼虫匿居蛀道内，并借虫巢掩护，爬出剥食树皮，并可就近取食叶片，甚至将叶片黏于巢外。

成虫寿命 3~5 天。幼虫怕光，隐居在虫道内取食，有的把老叶搬入巢内取食。幼虫期 300 多天，老熟后在虫道里吐丝作茧化蛹。

▲ 茶木蛾为害果实症状

▲ 茶木蛾为害枝干症状

防治方法

1 农业防治：加强油茶园水肥管理，增强树势，提高抗虫性能，创造不利于茶木蛾的发生条件，是防治茶木蛾的根本措施。

2 人工防治：人工定期剪除被害叶和被害枝条销毁。

3 化学防治：7 月底前，在幼虫盛孵期喷药防治，可喷施溴氰菊酯 25~50 毫克 / 千克或把 50% 杀螟松乳油 50 倍液注入虫道内。

荔枝干皮巢蛾 *Comoritis albicapilla* Moriuti

分类地位 | 鳞翅目（Lepitoptera）巢蛾科（Yponomeutidae）
寄主植物 | 油茶、荔枝、杧果、龙眼等
分布地区 | 广东、广西、台湾

· **形态特征** ·

成虫：雌虫体长 10~12 毫米，翅展 24~27 毫米，全体灰白色，头顶鳞毛白色，触角丝状。前翅白色，基部有 6 个不甚规则的黑色鳞斑。后翅全白色，外缘淡黑色，缘毛白色。雄虫：体长 6~8 毫米，翅展 17~23 毫米，触角羽状，前翅面黑色。

卵：近矩形，红枣状，径长 0.4~0.6 毫米，径横 0.2~0.3 毫米，卵壳表面有网状花纹，卵孔突出明显，初产时黄白色，近孵化时淡蓝色，卵单产或几粒一堆。

幼虫：体扁平，黄褐色，老熟幼虫体长 13~20 毫米，宽

▲ 荔枝干皮巢蛾幼虫

1.5~2.5 毫米，体壁蜡质层较厚，体表光滑少毛；胸足 3 对发达，末端尖锐，腹足 5 对均极退化，仅保留有趾钩列。

蛹：有茧，茧船形，由树皮碎屑、粪粒吐丝交织缀合而成。蛹褐色，雌蛹体长 8~10 毫米，宽 2.8~4.0 毫米，雄蛹较小。

· **生活习性** ·

在广东和广西一年均发生 1 代，以高龄幼虫在寄主树皮越冬。每年广西在 3 月下旬至 5 月初陆续化蛹，广东则于 4 月中至 5 月中化蛹，蛹历期 8~20 天，5 月上旬羽化成虫，雄虫寿命 2~6 天，雌虫 4~10 天。每雌产卵 40~60 粒，卵期 6~12 天，孵化后不久幼虫便能咬食，并吐丝缀合树皮木屑、虫粪等造成一幅"帐幕"，随着虫龄的增长，"帐幕"不断扩大。每头幼虫一生可为害 140~250 厘米树表皮。幼虫共 6 龄，每年在 12 月开始进入休眠期，直至次年 4 月中旬化蛹，幼虫历期 320~340 天。由于枝干的

韧皮部和形成层被大面积取食，严重影响树体内营养物质的输　导，引起根系发育不良，枯枝增加，树体衰退，产量下降。

▲ 荔枝干皮巢蛾幼虫及其为害症状

防治方法

1 人工防治：于每年 4—5 月幼虫发生初期，用竹扫帚或钢刷扫刷树干"帷幕"，刷落树下，可用石灰浆涂刷较粗大树干，清除幼虫，刷后喷药更好。

2 药剂防治：虫口密度大的油茶园，于 6—7 月喷洒 20% 氯虫苯甲酰胺乳油 2 000 倍液或 10% 氯氰菊酯乳油 2 000 倍液。

黑翅土白蚁 *Odontotermes formosanus* Shiraki

别　　名 | 黑翅大白蚁、台湾黑翅螱
分类地位 | 等翅目（Isoptera）白蚁科（Termitidae）
寄主植物 | 马尾松、柑橘、茶、杉、柏等
分布地区 | 华南、华中、华东各省区和香港

· 为害症状 ·

常筑巢于土中，取食苗木的根、茎，并在树木上修筑泥被，啃食树皮，也能从伤口侵入木质部为害。苗木被害后生长不良或整株枯死。

· 形态特征 ·

成虫：有翅成虫体长 12~14 毫米，翅展 45~50 毫米，头、胸、腹部背面黑褐色，腹面为棕黄色。翅黑褐色，全身覆有浓密的毛。触角 19 节。前胸背板略狭于头，前宽后狭，前缘中央有一淡色的"十"字形纹，纹的两侧前方各有一椭圆形的淡色点，纹的后方中央有带分枝的淡色点。前翅鳞大于后翅鳞。兵蚁体长 5~6 毫米。头暗深黄色，被稀毛。胸腹部淡黄色至灰白色，有较密集的毛。头部背面为卵形，长大于宽，最宽处在头的中段，向前端略狭窄。上颚镰刀形，左上颚中点的前方有一显著的齿，右上颚内缘的相当部位有一微齿，极小而不明显。

工蚁：体长 4.6~4.9 毫米，头黄色，胸腹部灰白色。蚁后无翅，腹部特别膨大。蚁王 头呈淡红色，全体色泽较深，胸部残留翅鳞。

▲ 黑翅土白蚁及其为害症状

卵：长椭圆形，长约 0.8 毫米，白色。

· **生 活 习 性** ·

土栖，黑翅土白蚁为"社会性"多形态昆虫，每个蚁巢内有蚁王、蚁后、工蚁、兵蚁和生殖蚁等（其中生殖蚁是由有翅型发育而成）。生活于有杂草的地下。有翅成虫于 3 月初出现于蚁巢内，4—6 月在蚁巢附近地面出现成群的分群孔，分群孔圆锥形，是由许多小土粒黏结而成的，可达100 个以上的分群孔，一般距主巢 2~5 米。当气温达 22℃以上、相对湿度 95% 以上的闷热天气或雨前，19：00 前后有翅成虫开始分群，爬出羽化孔突，经过群飞和脱翅的成虫，雌雄配对入地下筑建新巢，成为新巢的蚁王和蚁后。筑建蚁巢于地下，深达 1~2米，主巢直径可达 1 米以上，3个月后出现绕着的许多卫星状菌圃。群体甚大，一个大巢群内，有成长工蚁和兵蚁以及幼蚁，数量可达 200 万头以上。兵蚁保卫蚁巢，每遇外敌即以上颚进攻，并分泌黄褐色液体御敌。工蚁负责全巢工作，如筑巢、修路、抚育幼蚁、寻找食物等；在树木上取食时，泥被、泥路环绕整个树冠，有时形成泥套。

防治方法

1 挖巢灭蚁：根据泥被、泥路、地形、分群孔等特征寻找蚁巢，或在 6—8 月寻找鸡枞菌，凡是地面上有鸡枞菌的地方，地下常有蚁巢，据此可以判断蚁巢的位置，挖巢灭蚁。

2 压烟灭蚁：找到通蚁巢的主道口，将压烟筒的出烟管插入主道，用泥封住道口，以防烟雾外逸，再用乐斯本插管烟剂放入筒内点燃，扭紧上盖，烟雾自然沿蚁道压入蚁巢。

3 物理防治：在发生白蚁为害的圃地周围，投放白蚁喜食的饲料如蔗茎、蔗皮、桉树皮、木薯茎等作诱饵，待白蚁大量诱集到诱杀点后，喷施灭蚁粉，可达到大量杀死白蚁的目的；4—6 月白蚁分飞时，用灯光诱杀有翅繁殖蚁。

4 保护和利用天敌：捕食白蚁的天敌有蝙蝠、青蛙、壁虎、蚂蚁等，在南方潮湿地区，巢中常有一些螨类寄生在白蚁身上。

5 化学防治：苗木生长期被白蚁为害，可用 75% 乐斯本 1 000~1 500 倍液淋根保苗。

果实害虫

油茶象甲 *Curculio chinensis* Chevrolat

别　　名	茶籽象甲、山茶象、中华山茶象、油茶果象
分类地位	鞘翅目（Coleoptera）象甲科（Curculionidae）
寄主植物	油茶、茶、锥栗
分布地区	江苏、安徽、浙江、江西、湖北、湖南、福建、广东、广西、四川、云南、贵州

· 为 害 症 状 ·

成虫和幼虫均造成为害，成虫将头管插入果实中蛀食，造成落果，并且伤口易引起油茶炭疽病的发生；幼虫在果内蛀食籽仁，使茶果早落或成空壳，严重影响油茶的产量和品质。

· 形 态 特 征 ·

成虫：体长 6.7~11.0 毫米。黑色，覆盖白色和黑褐色鳞片；前胸背板后角和小盾片的白色鳞片密集成白斑；鞘翅基部和近中部各有一白色鳞毛横带，近翅缝纵列较稀疏的白色鳞毛；腹面完全散布白毛。喙 6.0~8.0 毫米，细长、呈弧形，雌虫喙长几乎等于体长，触角着生于喙基部 1/3 处，雄虫喙较短，仅为体长的 2/3，略向内弯曲。触角着生于喙中间。前胸背板有环形皱隆线。鞘翅三角形，臀板外露，被密毛。

各足腿节端部下方有一短刺。

卵：长约 1 毫米，宽 0.3 毫米，黄白色，长椭圆形，一段稍尖。

幼虫：老熟前乳白色，头深褐色，体弯曲呈半月形，无足，各节多横皱纹，背部及两侧疏生黑色短刚毛。老熟幼虫体长 10~12 毫米，淡黄色，体肥多皱，背拱腹凹略成"C"形弯曲，无足。

蛹：离蛹，长椭圆形，乳白色或黄白色，体长 7~12 毫米。羽化前复眼、头管及翅等变为黑色。头胸足及腹部背面均具毛突，腹末有短刺 1 对。

· 生 活 习 性 ·

油茶象甲除云南一年发生 1 代外，各地均两年发生 1 代。以幼虫和新羽化成虫在土中 10~20 厘米深处的土室内越冬。如以幼虫越冬，越冬幼虫在土室内滞育到第二年8月下旬化蛹，约经1个月羽化为成虫，仍在土中越冬，第三年4—5月陆续出土；如以成虫越冬则第二年4—5月开始出土，6月中、下旬盛发，5—8月成虫蛀食果实补充营养，取食约1个月后交尾产卵，5月下旬至8月为产卵期，产量盛期6月中旬至7月，产卵于果内。6月中旬开始幼虫孵化，蛀食果仁，幼虫共4龄，8月下旬开始幼虫陆续老熟，拖果入土做土室越冬，并以此虫态在土中生活一年，再于下一年春化蛹、羽化为成虫出土。各虫态历期大约为：卵期7~20天，幼虫期一年以上，蛹期25~30天，成虫36~70天。

成虫多在白天活动，飞翔力弱，喜荫蔽，常集中在四周有树木遮阴或向阴坡地茶果上，具假死性。一生可交尾数次，交尾后10天左右产卵，产卵前先以口器咬穿果皮，用管状喙插并钻成小孔后，再将产卵管插入茶果种仁内产卵，每孔1粒，一般以直径6~10毫米茶果着卵量最多。每雌平均产卵98粒左右。幼虫孵化后即在果实内蛀食种仁，种壳内留有大量虫粪，幼虫在胚乳内生长，随茶果成长，取食果仁，终至蛀空种子。幼虫共4龄。老熟幼虫陆续出果入土。出果前在种壳和果皮上咬一近圆形出果孔，孔径约2毫米，以果蒂和果腰附近为多。出果幼虫落到地面即钻入土中，在深12~18厘米处造一长圆形土室越冬。成虫取食时管状喙大部或全部插入茶果，摄取种仁汁液，被害茶果表面留有小黑点，受害重者引起落果。

▲ 油茶象甲成虫

防治方法

1	农业防治：结合油茶园深耕，消灭幼虫和蛹，在不影响发芽的前提下，适当提早采收，集中摊放，让幼虫爬出茶果，放鸡啄食。
2	物理防治：成虫盛发期利用其假死性，振落捕杀，或结合养鸡啄食成虫。
3	化学防治：在成虫大量飞出期，树冠喷洒药液，可用20%杀灭菊酯乳油或20%氰戊菊酯乳油2 000~3 000倍液，喷施2~3次。

赭丽纹象 *Myllocerinus ochrolineatus* Voss

分类地位｜鞘翅目（Coleoptera）象甲科（Curculionidae）
寄主植物｜油茶、茶
分布地区｜广东、广西、福建、四川、云南

· **为害症状** ·

　　以成虫为害叶片及果实，老叶受害常造成缺刻；嫩叶受害严重时被吃得精光，幼果受害呈不整齐的凹陷或留下疤痕，重者造成落果。

· **形态特征** ·

　　成虫：体长4.8~6.0毫米；体壁多淡红褐色，被覆略发金光的赭色鳞片，第1、9行间全部被覆鳞片，第3、5、7、8行间中间不被覆鳞片。前胸背板中央和两侧共有3条黑色纵带。鞘翅基部1~2行间有两条黑色纵带，中部靠前有2条宽的黑色横带。

· **生活习性** ·

　　不详。

▲ 赭丽纹象成虫

防治方法

防治方法同茶丽纹象甲。

球拟步甲 *Derispia* sp.

分类地位 | 鞘翅目（Coleoptera）拟步甲科（Tenebrionidae）
寄主植物 | 油茶
分布地区 | 广东、台湾

· **为 害 症 状** ·

　　成虫咬食植物叶片、刺吸果实汁液。

· **形 态 特 征** ·

　　成虫：体长 1.8~2.0 毫米，红色；触角长，末端宽大，黄褐色。

· **生 活 习 性** ·

　　不详。

▲ 球拟步甲成虫及其为害症状

防治方法

1　人工捕杀成虫。

2　幼虫或成虫期喷施 3% 高渗苯氧威乳油 3 000 倍液。

桃蛀野螟 *Conogethes punctiferalis* Guenée

别　　名 | 桃蛀螟、桃蛀心虫
分类地位 | 鳞翅目（Lepitoptera）螟蛾科（Pyralidae）
寄主植物 | 油茶、板栗、桃、梨、荔枝、枇杷、龙眼等
分布地区 | 全国各地

· **形态特征** ·

成虫：体长 12 毫米，黄色至橙黄色。体、翅表面具许多黑斑点似豹纹：胸背有 7 个；腹背第 1 节和第 3~6 节各有 3 个横列，第 7 节有时只有 1 个，第 2、8 节无黑点，前翅 25~28 个，后翅 15~16 个，雄虫第 9 节末端黑色，雌虫不明显。

卵：椭圆形，长 0.6 毫米，宽 0.4 毫米，表面粗糙布细微圆点，初乳白色渐变橘黄色、红褐色。

幼虫：体长 22 毫米，体色多变，有淡褐、浅灰、浅灰蓝、暗红等色，腹面多为淡绿色。头暗褐色，前胸盾片褐色，臀板灰褐色，各体节毛片明显，灰褐色至黑褐色，背面的毛片较大，第 1~8 腹节气门以上各具 6 个，呈两横列，前四后二。气门椭圆形，围气门片黑褐色突起。腹足趾钩具不规则的三序环。

蛹：长 13 毫米，初淡黄绿色，后变褐色，臀棘细长，末端有曲刺 6 根。茧长椭圆形，灰白色。

· **生活习性** ·

以老熟幼虫在树皮裂缝、树洞等处越冬；翌年 5 至 6 月出现成虫，对黑光灯和糖醋液有强趋性。

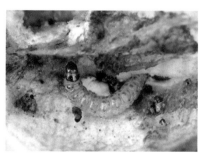

▲ 桃蛀野螟幼虫及其为害症状

防治方法

1 利用灯光、糖醋液或性外激素诱杀成虫。

2 发生严重时，喷施 3% 高渗苯氧威乳油 3 000 倍液，压低虫口密度。

梨小食心虫 *Grapholitha molesta*（Busck）

别　　名｜梨小蛀果蛾、东方果蠹蛾、梨姬食心虫、桃折梢虫、小食心
　　　　　虫

分类地位｜鳞翅目（Lepidoptera）卷蛾科（Tortricidae）

寄主植物｜油茶、梨、李、枇杷等

分布地区｜全国各地

· **为 害 症 状** ·

幼虫为害果实和枝干。

· **形 态 特 征** ·

成虫：体长 5~7 毫米，翅展 11~14 毫米，暗褐色或灰黑色。下唇须灰褐色，上翘。触角丝状。前翅灰黑色，前缘有 10 组白色短斜纹，中央近外缘 1/3 处有一明显白点，翅面散生灰白色鳞片，后缘有一些条纹，近外缘约有 10 个小黑斑。后翅浅茶褐色，两翅合拢，外缘合成钝角。足灰褐色，各足跗节末灰白色。腹部灰褐色。

卵：扁椭圆形，中央隆起，直径 0.5~0.8 毫米，表面有皱褶，初乳白色，后淡黄色，孵化前变黑褐色。

幼虫：体长 10~13 毫米，淡红色至桃红色，腹部橙黄色，头黄褐色，前胸盾浅黄褐色，臀板浅褐色。胸、腹部淡红色或粉色。臀栉 4~7 齿，齿深褐色。腹足趾钩单序环 30~40 个，臀足趾

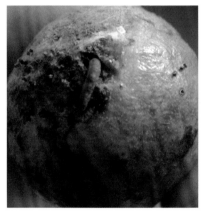
▲ 梨小食心虫幼虫

钩 20~30 个。前胸气门前片上有 3 根刚毛。

蛹：长 6~7 毫米，黄褐色，纺锤形；茧白色，扁平椭圆形。

· **生 活 习 性** ·

南方地区一年发生 6~7 代，以老熟幼虫在树干树皮裂缝中结茧越冬；第 1~2 代幼虫分别于 4 月上、中旬和 5 月中、下旬出现。初孵幼虫在果面爬行，然后蛀入

果内，并有大量虫粪排出果外。成虫白天静伏，黄昏后活动，夜间产卵，卵散产在果实表面上。

防治方法

1 利用黑光灯和糖醋液诱杀成虫。

2 8月开始卵果率调查，达1%~2%时开始喷药，10~15天后卵果率达1%以上时再喷药。药剂种类及浓度：2.5%溴氰菊酯乳油2 500倍液、10%氯氰菊酯2 000倍液、40%水胺硫磷1 000倍液或1.8%阿维菌素3 000~4 000倍液。

扁刺蛾 *Thosea sinensis*（Walker）

别　　名	黑点刺蛾，幼虫俗称洋辣子
分类地位	鳞翅目（Lepidoptera）刺蛾科（Eucleridae）
寄主植物	油茶、茶、桑、苹果、梨、柑橘、枇杷、桃、李、核桃、枫杨、豆类等多种植物
分布地区	东北、华北、华东、中南地区以及四川、云南、陕西等省区

· 为害症状 ·

幼虫孵化后即在叶背取食下表皮和叶肉，形成半透明叶斑；3龄后在夜晚和清晨爬至叶面活动，一般自叶尖蚕食，形成较平直的吃口，常食至2/3叶后便转移为害，发生严重时，可将寄主叶片吃光，造成严重减产。

· 形态特征 ·

成虫：雌蛾体长13~18毫米，翅展28~35毫米。体暗灰褐色，

▲ 扁刺蛾幼虫

腹面及足的颜色更深。前翅灰褐色中稍带紫色，中室的前方有一明显的暗褐色斜纹，自前缘近顶角处向后缘斜伸。雄蛾中室上角有一黑点（雌蛾不明显）。后翅暗灰褐色。

卵：扁平光滑，椭圆形，长1.1毫米，初为淡黄绿色，孵化前呈灰褐色。

幼虫：老熟幼虫体长21~26毫米，宽16毫米，体扁椭圆形，背部稍隆起，形似龟背。全体绿色或黄绿色，背线白色。体两侧各有10个瘤状突起，其上生有刺毛，每一体节的背面有2小丛刺毛，第4节背面两侧各有一红点。

蛹：长10~15毫米，前端肥钝，后端略尖削，近似椭圆形。初为乳白色，近羽化时变为黄褐色。

茧：长12~16毫米，椭圆形，暗褐色，形似鸟蛋。

· 生 活 习 性 ·

扁刺蛾在四川、广东等地一年发生2代，少数3代。均以老熟幼虫在寄主树干周围土中结茧越冬。越冬幼虫4月中旬化蛹，成虫5月中旬至6月初羽化。第1代发生期为5月中旬至8月底，第2代发生期为7月中旬至9月底。少数第3代始于9月初止于10月底。第1代幼虫发生期为5月下旬至7月中旬，盛期为6月初至7月初；第2代幼虫发生期为7月下旬至9月底，盛期为7月底至8月底。

成虫羽化多集中在黄昏时分，以18：00—20：00羽化最多。成虫羽化后即行交尾产卵，卵多散产于叶面，初孵化的幼虫停息在卵壳附近，并不取食，蜕第一次皮后，先取食卵壳，再啃食叶肉，仅留一层表皮。幼虫取食不分昼夜。自6龄起，取食全叶，虫量多时，常从枝的下部叶片吃至上部，每枝仅存顶端几片嫩叶。幼虫期共8龄，老熟后即下树入土结茧，下树时间多在晚上20：00至翌日清晨6：00，而以后半夜2：00—4：00下树的数量最多。结茧部位的深度和距树干的远近与树干周围的土质有关：黏土地结茧位置浅，距离树干远，比较分散；腐殖质多的土壤及沙壤土地，结茧位置较深，距离树干较近而且比较集中。

防治方法

幼虫发生严重时喷施 Bt 乳剂 600 倍液、1.2% 烟参碱乳油 1 000 倍液。

东方黏虫 *Leucania separata* Walker

分类地位 | 鳞翅目（Lepidoptera）夜蛾科（Noctuidae）
寄主植物 | 东方黏虫为杂食性害虫
分布地区 | 全国各地

· **为 害 症 状** ·

蛀果为害。

· **形 态 特 征** ·

成虫：体长 15~18 毫米，翅展 36~40 毫米；头、胸灰褐色，前翅灰黄褐色、黄色、橙色，内线有黑点几个，肾纹褐黄色，不明显，端部有白点 1 个，两侧各有黑点 1 个，外线和端线均有黑点 1 列；后翅暗褐色，向基部渐浅。

卵：半球形，白色，后为黄色，表面有明显网纹。

幼虫：老熟幼虫体长约 28 毫米，体内因虫龄和食料不同而多变，有黑色、绿色和褐色等，头部有褐色网纹，体背有红色、黄色或白色条纹。

蛹：红褐色，长约 19 毫米，臀棘上有刺 4 根。

▲ 东方黏虫幼虫及其为害状

· **生 活 习 性** ·

一年发生 2~4 代；迁飞性害虫，每年由南向北迁飞，发生世代也随之逐减。幼虫 6 龄，有假死性，4~6 龄为暴食期；成虫对糖醋液和灯光有趋性。

防治方法

1 成虫期用灯光或糖醋液诱杀。

2 低龄幼虫期喷洒 Bt 乳剂 500 倍液或 25% 阿克泰水分散粒剂 5 000 倍液。

变侧异腹胡蜂 *Parapolybia varia varia*（Fabricius）

分类地位 | 膜翅目（Hymenoptera）胡蜂科（Vespidae）
寄主植物 | 油茶等
分布地区 | 重庆、江苏、湖北、台湾、广东、广西、云南

· **为 害 症 状** ·

以成虫取食油茶果汁及嫩叶。

· **形 态 特 征** ·

成虫：体长 12~17 毫米，体色黄褐色；体型较其他长脚蜂细长；腹部前方具细腰身，后方较圆；头宽与胸宽略等；两触角窝之间隆起呈黄色；翅浅棕色，前翅前缘色略深；前足基节黄色，转节棕色，其余黄色；腹部第 1 节长柄状，背板上部褐色，第 2 节背板深褐色，两侧具有黄色斑。

· **发 生 规 律** ·

一般气温在 12~13℃时，胡蜂出蛰活动，16~18℃时开始筑巢，秋后气温降至 6~10℃时越冬；春季中午气温高时活动最勤，夏季中午炎热，常暂停活动；晚间归巢不动，有喜光习性，风力在 3 级以上时停止活动；相对湿度在 60%~70% 时最适于活动，雨天停止外出。嗜食甜性物质，在 500 米范围内，胡蜂可明确辨认方向，顺利返巢，超过 500 米则常迷途忘返。

▲ 变侧异腹胡蜂成虫

防治方法

1 沸水法：烧一大锅开水，找准蜂群聚集在蜂巢内时，穿好防护衣（雨衣即可），将沸水一股脑淋上去，烫死胡蜂。

2 毒杀法：在自制的小型铁箭上绑上棉花，再蘸上乐斯本等农药后，用特制的组合长竿将"毒箭"轻轻插入蜂巢内，使"毒箭"留在蜂窝内，毒药在蜂窝内快速扩散，数十分钟便能将整窝胡蜂毒死。

地下害虫

茶锥尾叩甲 *Agriotes sericatus* Schwarz

分类地位 | 鞘翅目（Coleoptera）叩甲科（Elateridae）
寄主植物 | 茶、油茶、桃、胡桃、萝卜、瓜类、大麻、草莓、棉花等
分布地区 | 河北、山东、河南、江苏、安徽、浙江、湖南、福建、广东

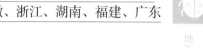

· 为害症状 ·

以幼虫为害多种苗木的种子、幼芽和嫩茎；成虫取食植物叶片。

· 形态特征 ·

成虫：体长 8~10 毫米，体狭，茶褐色，略显栗色；头、前胸背板、小盾片颜色更暗；被毛灰白色，相当密，均匀。头壳向前弓弯，两侧弧凹，刻点中等大，相当密，均匀。前胸背板相当凸，尤其是前部，向后逐渐倾斜；无中纵沟，后部由于毛向两侧斜生而形成 1 条无毛沟；两侧后 2/3 平行，前部 1/3 向内弧弯，侧缘弯向腹面，伸达复眼下缘；后角长，伸向后方，背面有 1 条锐脊；后缘基沟狭，不太长。小盾片略呈椭圆形，表面平坦，端部略突出。鞘翅宽于前胸，向后逐渐变狭，端部完全；背面适当凸，具有明显的刻点沟纹；沟纹中刻点密，互相连接；沟纹间隙平坦，刻点不明显。鞘翅缘折向后渐狭，宽于后胸侧板；后胸侧板狭条状，两侧平行。

· 生活习性 ·

三至五年发生 1 代，以成虫及各龄幼虫越冬。4 月底成虫出土活动，取食后产卵，卵 20 天

▲ 茶锥尾叩甲幼虫

左右孵化，小幼虫在取食植物的种子、根、茎，甚至地下植物腐殖质。2月底至3月上旬越冬幼虫开始活动，4月中旬是幼虫活动最旺盛季节。7月底至8月上旬四年生幼虫老熟结茧，在茧中蜕皮化蛹。蛹经25天羽化成虫越冬。其他各龄幼虫取食至11月越冬。

▲ 茶锥尾叩甲成虫

防治方法

1 幼虫期防治：播种前深耕多耙，结合中耕锄草杀蛹和卵或让鸟类捕食；播种时检查土壤，每平方米有虫2~3头时须防治，用Bt可湿性粉剂800~1 000倍液泼浇根部，避免用未腐熟的草粪等诱杀成虫。

2 成虫期防治：成虫羽化期（4—6月），在林间开阔地设置黑光灯进行诱杀，可有效降低虫口密度。

铜绿丽金龟 *Anomala corpulenta* Motschulsky

别　　名 | 铜绿金龟子、青金龟子、淡绿金龟子

分类地位 | 鞘翅目（Coleoptera）丽金龟科（Rutelidae）

寄主植物 | 油茶、茶、桉树、榔榆、油桐、乌桕、杨、柳、榆、油橄榄、苹果、海棠、杜梨、杏、樱桃、梨、桃、梅、柿、柑橘、樱桃、水蒲桃、龙眼、核桃、板栗、栎、槐、柏、桐、松、杉等

分布地区 | 黑龙江、吉林、辽宁、内蒙古、宁夏、陕西、山西、北京、河北、河南、山东、安徽、江苏、上海、浙江、福建、台湾、广东、广西、重庆、四川

· **为 害 症 状** ·

　　成虫食芽、叶成不规则的缺刻或孔洞，严重的仅留叶柄或粗脉；幼虫生活在土中，为害根系。

· **形 态 特 征** ·

　　成虫：体长 16~22 毫米，宽 8.3~12 毫米，长椭圆形，背腹稍扁，体背面铜绿色具光泽，头部、前胸背板及小盾片色较深。鞘翅上色较浅，呈淡铜黄色，前胸背板两侧、唇基前缘具浅褐条斑，腹面黄褐色，胸腹面密生细毛，足黄褐色，胫节、跗节深褐色。头部大，头面具皱密刻点，触角 9 节鳃叶状，棒状部 3 节黄褐色，小盾片近半圆形，鞘翅具肩凸，左、右鞘翅上密布不规则刻点且各具不大明显纵肋 4 条，

边缘具膜质饰边。臀板黄褐色三角形，常具形状多变的古铜色或铜绿色斑点 1~3 个，前胸背板大，前缘稍直，边框具明显角质饰边；

▲ 铜绿丽金龟为害症状

▲ 铜绿丽金龟成虫

前侧角向前伸尖锐，侧缘呈弧形；后缘边框中断；后侧角钝角状；背板上布有浅细刻点。腹部每腹板中后部具 1 排稀疏毛。前足胫节外缘具 2 个较钝的齿；前足、中足大爪分杈，后足大爪不分杈。

卵：椭圆形至圆形，长 1.7~1.9 毫米，乳白色。

幼虫：体长 30~33 毫米，头黄褐色，体乳白色，肛腹片的刺毛两列近平行，每列由 11~20 根刺毛组成，2 列刺毛尖端相遇或交叉。

蛹：长椭圆形，长 18~22 毫米，宽 9.6~10.3 毫米，浅褐色。

· **生 活 习 性** ·

一年发生 1 代，以幼虫在土中越冬，翌年春季 3 月上到表土层，5 月老熟幼虫化蛹，蛹期 7~11 天，5 月下旬成虫始见，6 月上旬至 7 月上中旬进入为害盛期，6 月上旬至 7 月中旬进入产卵盛期，卵期 7~13 天，6 月中旬至 7 月下旬幼虫孵化为害到深秋气温降低时下移至深土层越冬。成虫羽化后 3 天出土，昼伏夜出，飞翔力强，黄昏上树取食交尾，具假死性，雌虫趋光性较雄虫强。以春、秋两季为害最烈。幼虫在土壤中钻蛀，为害地下根部，老熟后多在 5~10 厘米土层做土室化蛹。

防治方法

1 人工防治：利用成虫具趋光和假死习性，成虫发生期采用黑光灯诱杀或摇树捕杀，可兼治其他具趋光性和假死性害虫。

2 农业防治：加强管理，中耕锄草、松土，捕杀幼虫。

3 生物防治：用酸菜汤拌锯末诱杀成虫或用绿僵菌感染和杀灭幼虫。

无斑弧丽金龟 *Popillia mutans* Newman

别　　名｜豆蓝丽金龟、墨绿金龟、棉花弧丽金龟等
分类地位｜鞘翅目（Coleoptera）丽金龟科（Rutelidae）
寄主植物｜油茶、泡桐、月季、紫薇、羊蹄甲、芙蓉、菊花、蜀葵、葡萄、柑橘、柿、棉花和玉米等
分布地区｜全国各地

· **为害症状** ·

　　成虫食害各种花卉器官，被害花冠残缺不全，凋谢早落；幼虫为害植物根部。

· **形态特征** ·

　　成虫：体长 12 毫米左右，宽 7 毫米，椭圆形。体墨绿色、蓝黑色或蓝色，具强烈蓝绿色光泽。前胸背板略拱起，光滑。鞘翅短宽，蓝紫色；后缘明显收缩，翅面有纵列刻点。臀板外露，无白色毛斑。

　　卵：近球形，乳白色。

　　幼虫：体长 24~28 毫米，老熟幼虫体长约 28 毫米，乳白色，蛴螬型，背面有圆形开口的骨化环，环内密布细毛；刺毛列由长针毛组成，每列毛 5~7 根，尖端相交，后方略岔开，为沟毛区所包围。

　　蛹：离蛹，乳黄色，后端橙黄色。

▲ 无斑弧丽金龟成虫

· **生活习性** ·

　　一年发生 1 代，以末龄幼虫在土深 24~35 厘米处越冬。翌年春季土温回升后，越冬幼虫向上移动，为害草根。5 月中、下旬

开始化蛹，化蛹不整齐，6 月上旬至 7 月上旬为化蛹盛期，蛹期 15 天左右。成虫羽化后需要补充营养，喜食寄主幼芽嫩叶、花蕾和花冠，造成花朵凋谢，落花落果。成虫为日出型，以上午和傍晚最为活跃，夜间潜伏。7—8 月

成虫产卵于土壤中，对土质选择性不强，卵期约 15 天。8 月上旬卵开始孵化，幼虫孵化后在土中取食植物细根或腐殖质。10 月随着气温下降，幼虫向深土层转移越冬。

防治方法

1 捕杀成虫：早晨或傍晚捕捉成虫。

2 灯光诱杀：利用黑光灯诱杀成虫。

3 化学防治：成虫大发生时喷洒 3% 高渗苯氧威乳油 2 000 倍液。

东方绢金龟 *Maladera orientalis*（Motschulsky）

别　　名 | 黑绒金龟子、天鹅绒金龟子、东方金龟子
分类地位 | 鞘翅目（Coleoptera）鳃金龟科（Melolonthidae）
寄主植物 | 油茶、茶、羊蹄甲、臭椿、大叶相思、泡桐、苦楝、花梨木、腊肠树、苹果、梨、桃、杏、枣、梅花等
分布地区 | 东北、华北及宁夏、甘肃、河南、山东、江苏、安徽、广东

· **为害症状** ·

成虫是重要的食叶害虫，食性甚杂，可为害 40 余科约 150 种植物，数量大时常群聚为害苗木、防护林、固沙林和果树的芽苞、嫩芽，造成严重损失；其蛴螬为害作物、树木的地下部分，因食量小，食性杂，一般不造成严重损害。

· **形态特征** ·

成虫：体长 6~9 毫米，体宽

3.1~5.4 毫米。小型甲虫，体卵圆形，黑色或黑褐色，也有棕色个体，微有虹彩闪光。头大，唇基长大粗糙而油亮，刻点皱密，有少数刺毛，中央多少隆凸、额唇基缝钝角形后折，与前缘几平行。触角 9~10 节，多数为 9 节，鳃片部 3 节。头面有绒状闪光层。

卵：椭圆形，乳白色，有光泽，孵化前色泽逐渐变暗。

幼虫：老熟幼虫时期体长可达 16~20 毫米。头黄褐色。体弯曲，污白色，全体具黄褐色刚毛。胸足 3 对，后足最长。腹部末节腹毛区中央有笔尖形空隙，腹毛区后缘具 12~26 根长而扁的刺毛，排列成横弧形，中央明显中断，肛孔呈三射裂缝状。

蛹：长 6~9 毫米，黄褐色至黑褐色，蛹的腹部末端有臀刺 1 对，蛹期 10 天左右。

· 生 活 习 性 ·

一年发生 1 代，以成虫在 20~30 厘米土层越冬。第二年，当土地解冻达到越冬部位时，越冬成虫开始活动。4 月至 5 月初，连续 5 天平均气温在 10℃以上时，成虫大量出土，5 月上旬至 6 月下旬为盛发期。

▲ 东方绢金龟成虫

防治方法

1　在成虫盛发期，直接向被害苗木喷洒拟除虫菊酯类杀虫剂 2 000~8 000 倍液，5 天喷 1 次，连续喷洒 3 次。

2　根部施药法：48% 乐斯本乳油 150~200 毫升 / 亩，对水 200 千克，浇灌根部。

大栗鳃金龟 *Melolontha hipocastanea mongolica* Menetries

别　　名｜大栗金龟子
分类地位｜鞘翅目（Coleoptera）鳃金龟科（Melolonthidae）
寄主植物｜油茶、茶、云杉、杉树、桦、杨等
分布地区｜全国各地

· **为 害 症 状** ·

成虫食叶，幼虫食害地下根、茎。

· **形 态 特 征** ·

成虫：体长 25.7~31.5 毫米，体宽 11.8~15.3 毫米。大型甲虫。雄体狭长，雌体较短阔。体色黑、黑褐或深褐，常有墨绿色金属光泽。鞘翅、触角及各足跗节以下棕色或褐色，鞘翅边缘黑色。腹部第 1 至第 5 腹板侧端有乳白色三角形斑。头宽大，唇基长，略呈矩形，密布具毛刻点，头面上具毛刻点，中央大而稀，四周细而密；触角 10 节，鳃片部雄体 7 节，长大弯曲；雌体 6 节，短小。前胸背板横阔，中有宽浅纵沟，沟内密生长毛似马鬃，沟侧几光滑，两侧刻点具密毛，齐后缘有一长毛三角形区，侧缘钝角形扩展，前侧角近直角形，后侧角向侧呈锐角形。小盾片半椭圆形。鞘翅纵肋 Ⅰ、Ⅱ、Ⅳ 高而明显，纵肋 Ⅲ 可辨或消失，密布乳白色针状毛，肩凸、端凸发达。臀板大，三角形，端部常明显延伸呈柄状，延伸部雄体长而宽狭不一，雌体则细短甚或不见。胸下密被绒毛，后胸前侧片与后侧片密被乳白色鳞片，腹部密被乳白色伏毛。前足胫节外缘 2 齿（雄）或 3 齿（雌）。

卵：椭圆形，乳白色。

幼虫：蛴螬型，白色，头部黄褐色。

蛹：乳白色到棕黄色。

· **生 活 习 性** ·

四川甘孜六年完成 1 代，幼虫越冬 5 次，成虫越冬 1 次；康定五年完成 1 代；越冬成虫于 5 月上旬开始出土，5 月下旬开始交配产卵，卵期 45~66 天，7—8 月孵出幼虫；10 月逐渐下移到 40 厘米以下的土层中越冬，越冬幼虫于次年 4 月上旬开始上升到表土层取食为害，如此经过四

▲ 大栗鳃金龟成虫

年，第五年 6 月下旬幼虫开始老熟，并继续越冬，幼虫期长达 58 个月；第六年 6 月中旬至 7 月上旬，幼虫在土中作土室化蛹，蛹期是 60~72 天；8 月上旬到 9 月中旬羽化为成虫，成虫当年并不出土，10 月开始越冬。

成虫出土后，飞到树上取食交尾，有假死性和趋光性，有多次取食和重复交配的现象，交尾后雌成虫有飞回原出土地产卵的习性。雌成虫喜欢在冲积的沙壤土中产卵，沙壤土和石沙土中比较少，每雌产卵 14~47 粒，卵产于 13~26 厘米的土层中，呈堆状，每堆平均有 21 粒。初龄幼虫主要取食腐殖质及植物须根。

防治方法

1 对于蛴螬发生严重的地块，在深秋或初冬翻耕土地，不仅能直接消灭一部分蛴螬，并可将大量蛴螬暴露于地表，使其被冻死、风干或被天敌啄食、寄生等。

2 利用黑光灯诱杀成虫。

3 用绿僵菌感染和杀灭幼虫。

华胸突鳃金龟 *Hoplosternus sinenesis* Guerin

分类地位 | 鞘翅目（Coleoptera）鳃金龟科（Melolonthidae）
寄主植物 | 油茶等
分布地区 | 广东、江西

· **为害症状** ·

　　成虫食叶，幼虫食害地下根、茎。

· **形态特征** ·

　　成虫：头、前胸背板及小盾片黑褐色有金绿色光泽，鞘翅背面大部栗褐色，外侧及腹面、臀板黑褐色。头大，头面平整，唇基长大，前缘中微凹，刻点挤密，额或头顶刻点大而较稀。触角10节，鳃片部7节长大（雄）或6节短直（雌）。前胸背板阔而弧拱，刻点匀密，侧缘弧形扩出，边框为具毛刻点所断，前侧角钝，后侧角略呈锐角形，后缘波形弯曲，中段向后弧凸。小盾片短阔近半圆形。鞘翅后方略收狭。臀板近三角形，末端横截。胸下密被棕褐色绒毛。中胸腹板有前伸、滑亮、锥形腹突。腹下密被黄褐色短鳞，前4或5腹板两侧有模糊的乳白色三角形斑。

· **生活习性** ·

　　不详。

▲ 华胸突鳃金龟幼虫

▲ 华胸突鳃金龟成虫

防治方法

防治方法同大栗鳃金龟。

226

东方蝼蛄 *Gryllotalpa orientalis* Burmeister

别　　名 | 拉拉蛄、土狗子、地狗子
分类地位 | 直翅目（Orthoptera）蝼蛄科（Gryllotalpidae）
寄主植物 | 食性较杂，能为害多种林木的幼苗，也是多种农作物和蔬菜的重要地下害虫
分布地区 | 全国各地

· 为害症状 ·

　　成虫和若虫喜食刚发芽的林木种子，影响出苗，也取食幼苗的根部和嫩茎。发生多时在苗床表面土壤中开掘隧道，使表土呈线状隆起，造成幼苗根部与土壤分离，苗木呈团状枯死。

· 形态特征 ·

　　成虫：体长 30~35 毫米，灰褐色，全身密布细毛；头圆锥形，触角丝状；前胸背板卵圆形，中间具一暗红色长心脏形凹陷斑；前翅灰褐色，较短，仅达腹部中部；后翅扇形，较长，超过腹部末端；腹末具 1 对尾须。

　　卵：椭圆形；初产长约 2.8 毫米，宽 1.5 毫米，灰白色，有光泽，后逐渐变成黄褐色，孵化之前为暗紫色或暗褐色，长约 4.0 毫米，宽 2.3 毫米。

　　若虫：8~9 个龄期；初孵若虫乳白色，体长约 4 毫米，腹部

▲ 东方蝼蛄为害症状

▲ 东方蝼蛄成虫及其为害症状

大；2~3龄以上若虫体色接近成虫，末龄若虫体长约25毫米。

· 生 活 习 性 ·

华中、长江流域及其以南各省区每年发生1代，华北、东北、西北两年左右完成1代，陕西南部约一年1代，陕北和关中一至二年1代。以成虫及若虫在土壤中越冬。在广东省，越冬成虫、若虫于次年4月上旬开始活动，5—7月为为害盛期。初孵若虫有群集性，怕光、怕风、怕水，孵化后3~6天群集一起，以后分散为害。具趋光性、趋化性和趋湿性，蝼蛄对香、甜物质气味有趋性，特别嗜食煮至半熟的谷子、棉籽及炒香的豆饼、麦麸等，喜欢栖息在河岸渠旁、菜园地及轻度盐碱潮湿地，有"蝼蛄跑湿不跑干"之说。

防治方法

1 灯光诱杀：蝼蛄趋光性较强，羽化期间可用灯光诱杀，晴朗无风闷热的天气诱杀效果更好。

2 毒饵诱杀：将豆饼或麦麸5千克炒香，或秕谷5千克煮熟晾至半干，再用90%晶体敌百虫150克对水将毒饵拌湿，每亩用毒饵1.5~2.5千克撒在地里或苗床上。

3 马粪、鲜草诱杀：在苗圃步道间，每隔3米挖一个深约50厘米、长宽各30厘米的坑，内堆湿润马粪或带水的鲜草，上盖干草，每天清晨捕杀蝼蛄。

4 生物防治：喜鹊、黑枕黄鹂等食虫鸟类是蝼蛄的天敌，可在苗圃周围栽植杨、刺槐等树，招引益鸟栖息繁殖，以消灭害虫。

三、部分天敌

深山小虎甲 *Cylindera kaleea* Bates

分类地位 | 鞘翅目（Coleoptera）虎甲科（Cicindelidae）
寄　　主 | 蝗虫、蚂蚱、蝼蛄、蟋蟀、红蜘蛛等及各种害虫的幼虫、卵块和蛹等
分布地区 | 广东、台湾

· **形态特征** ·

　　成虫：体长 9~11 毫米，体色黑褐色，体背满布具金属光泽的绿色微细刻点，翅鞘中央与外缘具 2~4 枚微小白纹，触角基部 4 节具有绿紫色金属光泽。

· **生活习性** ·

　　成虫出现于夏季，主要生活在低、中海拔山区。

▲ 深山小虎甲成虫

小十三星瓢虫 *Harmonia dimidiata*（Fabricius）

分类地位 | 鞘翅目（Coleoptera）瓢虫科（Coccinellidae）
寄　　主 | 蚜虫、介壳虫、粉虱、叶螨等
分布地区 | 广东、台湾

▲ 小十三星瓢虫幼虫

▲ 小十三星瓢虫成虫

· **形 态 特 征** ·

　　成虫：体长 6.0~9.5 毫米。体背橙红色；翅鞘上共有 13 枚黑点，翅鞘接合处末端有 1 枚黑点。

　　幼虫：体背黑色，中央有 1 枚橙黄色大斑，斑内黑色。

　　蛹：橙黄色，左右各节间具黑斑，呈纵向排列。

· **生 活 习 性** ·

　　除冬季外，成虫在平地至中海拔山区很普遍，擅长捕食蚜虫，少数个体夜晚也会趋光。

六条瓢虫 *Cheilomenes sexmaculata*（Fabricius）

别　　名 | 六斑月瓢虫、淑女虫
分类地位 | 鞘翅目（Coleoptera）瓢虫科（Coccinellidae）
寄　　主 | 蚜虫、介壳虫、粉虱、叶螨等
分布地区 | 广东、台湾、江西

· 形态特征 ·

成虫：雌虫体长 4.3~6.3 毫米，宽 3.4~5.3 毫米，雄虫体长 4.2~5.9 毫米，宽 3.4~5.0 毫米，周缘椭圆形。头部黄白色，复眼黑色，触角、口器黄褐色。前胸背板黑色，两侧各有黄白色的四边形斑，前缘黄白色，成带状与两侧斑相连。鞘翅底色黑，在基部 1/4 部分几乎全被一橘红色的横斑所占有；在鞘翅 2/3 处中线和内线之间有另一不规则的橘红色斑，略呈三角形。腹面中部黑至黑褐色。鞘翅上具有上述色斑的个体，称为四斑型。另有一个变型为六斑型，其鞘翅红色至橘红色，鞘翅周缘黑色，每一鞘翅上有 2 条黑色横带。雄虫第 5 腹板后缘浅弧形或齐平，第 6 腹板后缘较直；雌虫第 5、6 腹板后缘皆弧形外突。

卵：梭形，长 1.08 毫米，宽 0.60 毫米，表面光滑，淡黄色，即将孵化时淡黑色，但顶部色泽仍较淡。

幼虫：体纺锤形，1~4 龄近蜕皮时体长分别为 2.9 毫米、4.3 毫米、5.3 毫米和 9.1 毫米，中胸以后各体节具毛刺 6 根，成半环形排列。底色黑，但 2~4 龄时具白斑。4 龄幼虫前、中、后胸背部中间的两个毛刺，第 1、4 腹

▲ 六条瓢虫幼虫

▲ 六条瓢虫成虫

节的各个毛刺和胸腹各节体侧毛刺皆为白色，其他各毛刺大都黑色。

蛹：黄褐色，前胸背有黑褐色粗斑，翅后缘黑褐色，腹部第3~8节背面各有 1 对黑褐色斑点，其中第 4、5 节背面黑斑为三角形。

· **生 活 习 性** ·

成虫具有较强的耐饥力，高温季节可活 7~14 天；绝食一周仍可多次交尾。卵产于叶背及其附近，通常 8~11 粒竖排在一起。幼虫同卵块几乎同时孵化，很整齐。初孵幼虫集中在卵壳附近，停息 6 小时左右即分散。幼虫 4 龄，蜕皮时不食不动，身体呈弧形，用腹末节突起固着在植物上。爬行力较弱，能在植物株间扩散。在缺食情况下，有自残习性，但比异色瓢虫好得多。

二星瓢虫 *Adalia bipunctata*（Linnaeus）

分类地位 | 鞘翅目（Coleoptera）瓢虫科（Coccinellidae）
寄　　主 | 蚜虫等
分布地区 | 广东、北京、河北、山东、江苏、福建

· 形 态 特 征 ·

成虫：体长4.5~5.3毫米；体宽3.1~4.0毫米。体周缘卵圆形，头部黑色，复眼内侧各有1个半圆形的黄白色斑，复眼黑色，触角黄褐色，唇基白色，上唇黑色。前胸背板黄白色而有一"M"形黑斑，有时黑色部分扩大而成1个大斑。小盾片黑色。鞘翅橘红色至黄褐色，每一鞘翅中央各有1个黑色斑。鞘翅上的色斑变异甚大，向浅色型变异时鞘翅上的黑斑缩小以至消失，或在黑斑边缘有浅色的外环；向深色型变异时鞘翅基色为黑色，两鞘翅上共有12个浅色斑，或仅有4个、2个浅色斑。腹面除腹部外缘黑褐色外，其余部分为黑色。足黑色至黑褐色。

· 生 活 习 性 ·

以成虫在向阳的墙缝、屋角、房檐等处越冬，3—4月开始活动。各虫态历期为：卵期7天，幼虫期10天，蛹期5天。5月1~4龄幼虫每天取食蚜量分别为：4头、11头、25头、38头，成虫日食蚜量平均为82.3头。

▲ 二星瓢虫成虫

龟纹瓢虫 *Propylea japonica*（Thunberg）

分类地位 | 鞘翅目（Coleoptera）瓢虫科（Coccinellidae）
寄　　主 | 蚜虫、叶蝉、飞虱等
分布地区 | 黑龙江、吉林、辽宁、新疆、甘肃、宁夏、北京、河北、河南、陕西、山东、湖北、江苏、上海、浙江、湖南、四川、台湾、福建、广东、广西、贵州、云南

· **形 态 特 征** ·

　　成虫：体长 3.4~4.5 毫米，体宽 2.5~3.2 毫米。外观变化极大；标准型翅鞘上的黑色斑呈龟纹状；无纹型翅鞘除接缝处有黑线外，全为单纯橙色；另外尚有四黑斑型、前二黑斑型、后二黑斑型等不同的变化。

· **生 活 习 性** ·

　　常见于农田杂草，以及果园树丛，捕食多种蚜虫。耐高温，7 月下旬后受高温和蚜虫凋落的影响，其他瓢虫数量骤降，而龟纹瓢虫因耐高温、喜高湿，在棉田 7—8 月捕食伏蚜、棉铃虫和其他害虫的卵及低龄幼若虫。7—9 月也是果园内的重要天敌，取食蚜虫、叶蝉、飞虱等害虫。

▲ 龟纹瓢虫成虫

广大腿小蜂 *Brachymeria lasus* Walker

分类地位 | 膜翅目（Hymenoptera）小蜂科（Chalalcididae）

寄　　主 | 稻纵卷叶螟、稻螟蛉、黏虫、白脉黏虫、劳氏黏虫、大螟、稻苞虫、隐纹稻苞虫、台湾秈弄蝶、稻眼蝶、螟蛉悬茧姬蜂、稻苞虫凹眼姬蜂、螟蛉脊茧蜂、螟蛉绒茧蜂、稻苞虫鞘寄蝇、黏虫缺须寄蝇

分布地区 | 河北、北京、天津、山东、河南、陕西、江苏、浙江、安徽、江西、湖北、湖南、四川、台湾、福建、广东、广西、贵州、云南

· 形态特征 ·

成虫：雌蜂体长 5.0~7.0 毫米，黑色；翅基片淡黄色或黄白色，但基部暗红褐色，各足基节至腿节黑色，但腿节端部黄色；中、后足胫节黄色，腹面中部的黑斑有或缺，但后足胫节基部黑色或红黑色。体长绒毛银白色。头与胸等宽，表面具明显的刻点。触角 12 节，柄节稍长于前 3 索节之和，梗节几乎长宽相等，第 1~4 或 5 索节长稍大于宽，第 6 或 7 索节短于前面的节，棒节长为第 7 索节的 2 倍。胸部背面具粗大圆刻点，盾侧片上的稍小，中胸盾片宽为长的 9/8。小盾片侧面观较厚，末端稍成两叶状。前翅长常超过宽的 5/2~7/2，缘脉为前缘脉长的 1/2；后缘脉长为缘脉的 1/3 和肘脉的 2 倍。后足基节强大，端部前内侧具一突起；腿节长为宽的 7/4 倍，腹缘具 7~12 个齿，第 2 齿有时很小。腹部短，卵圆形，稍窄和短于胸，产卵器略突出。雄蜂体长 3.3~5.5 毫米，索节腹面具毛状感觉器，后足基节腹面不具突起。

· 生活习性 ·

不详。

▲ 广大腿小蜂成虫及其为害症状

茶梢尖蛾长体茧蜂

Macrocentrus parametriates ivorus He et Chen

分类地位 | 膜翅目（Hymenoptera）茧蜂科（Braconidae）

寄　　主 | 茶梢尖蛾幼虫

分布地区 | 浙江、江西、湖南、广东

· 形 态 特 征 ·

　　成虫：体长 4.7 毫米，前翅长 3.7 毫米；头、胸部乳黄色至浅黄褐色，单眼区、上颚端齿黑色；触角鞭节、并胸腹节浅褐色，至端部色稍深。腹部背板黑色，第 3 节及以后各节背板色渐浅，其端部腹板浅黄褐色。足浅黄色。翅透明；翅痣及翅脉色极浅，为浅污黄色。

· 生 活 习 性 ·

　　不详。

▲ 茶梢尖蛾长体茧蜂茧

六刺素猎蝽 *Epidaus sexspinus* Hsiao

分类地位 | 半翅目（Hemiptera）猎蝽科（Reduriidae）
寄　　主 | 各种昆虫与节肢动物
分布地区 | 浙江、江西、湖南、贵州、重庆、福建、广东、广西、海南

· **形 态 特 征** ·

成虫：体长 16~22 毫米，黄色至黄褐色，略闪光，体表大部密被黄白色平伏短毛。前翅膜区侧接缘上的深色斑褐色至暗褐色；触角第 1 节上的浅色环纹、头

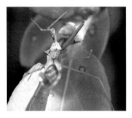

▲ 六刺素猎蝽成虫

部腹面、喙、中后足股节大部及胫节、侧接缘各节淡斑黄色至暗黄色。前胸背板后叶前部中央具 2 条明显或不明显的纵脊；侧角刺较长，略上翘，中刺短于侧角刺，后角圆钝，后缘中部近直。

· **生 活 习 性** ·

在植物丛的中上层活动。

线纹猫蛛 *Oxyopes lineatipes*（L. Koch）

分类地位 | 蛛形纲（Arachnida）猫蛛科（Oxyopidae）
寄　　主 | 马尾松毛虫、蚜虫等
分布地区 | 广东、湖北、湖南、浙江、江苏、安徽、四川、贵州

· **形 态 特 征** ·

成虫：雌蛛体长 7.5~8.0 毫米，外形与斜纹猫蛛相似，腹部背面两侧无明显褐色斜纹，腹部

▲ 线纹猫蛛成虫

正中褐色条纹的中部色淡，仅有少数黑褐色斑点。雄蛛体长 6.0~7.3 毫米，触肢器胫节外侧有几片突起围成的一个烟灰缸形的结构，有的个体结构基本上为圆形，有的稍呈椭圆形。

· **生 活 习 性** ·

不详。